新悦

遇见智识与思想

EL LABERINTO DEL TIEMPO

Tiempo y memoria en la vida y universo

[西班牙]大卫·周（David Jou）作品

宓田 译

时间迷宫

生命和宇宙中的时间与记忆

中国社会科学出版社

图字：01-2017-7015号

图书在版编目（CIP）数据

时间迷宫 /（西）大卫·周著；宓田译. —北京：
中国社会科学出版社，2018.9（2019.10重印）
ISBN 978-7-5203-2391-8

Ⅰ. ①时… Ⅱ. ①大… ②宓… Ⅲ. ①时间—研究
Ⅳ. ①P19

中国版本图书馆CIP数据核字（2018）第070219号

El Laberinto de Tiempo
© 2014, David Jou i Mirabent
© Ediciones de Pasado y Presente, S.L.,2014
The simplified Chinese translation rights arranged through Rightol Media
（本书中文简体版权经由锐拓传媒取得 Email:copyright@rightol.com）
Simplified Chinese translation copyright 2018 by China Social Sciences Press.
All rights reserved.

出 版 人	赵剑英
项目统筹	侯苗苗
责任编辑	侯苗苗
责任校对	周晓东
责任印制	王 超

出 版	中国社会科学出版社
社 址	北京鼓楼西大街甲 158 号
邮 编	100720
网 址	http:// www.csspw.cn
发 行 部	010-84083685
门 市 部	010-84029450
经 销	新华书店及其他书店

印刷装订	北京君升印刷有限公司
版 次	2018 年 9 月第 1 版
印 次	2019 年 10 月第 2 次印刷

开 本	880×1230 1/32
印 张	8.375
字 数	181 千字
定 价	59.00 元

凡购买中国社会科学出版社图书，如有质量问题请与本社营销中心联系调换
电话：010-84083683

版权所有 侵权必究

前　言

　　时间，是流动着的，是正在发生的，是神明般的永恒存在；而记忆，是静止的，是已经发生的，是万物般的昙花一现。时间与记忆分别是现实与生命的两个方面，这两个方面的冲突性与互补性一直都是哲学、科学和神学最古老的问题之一，是文学和艺术最丰富的素材之一，同时也是科技与医学发展最具决定性的动力之一。尽管科学与哲学的关系早已从最初的难舍难分演化至如今的渐行渐远，但很多科学命题仍有其深远的哲学根基，同样地，很多新的科学发现又启发着新的哲学探索。关于时间与记忆的问题是最令人着迷，也是最令人费解的问题之一。

　　我的科学专长是物理学，物理学是在时间问题上探讨得最如火如荼的学科领域之一，这不仅体现在物理学对其理论基础的探究上，也体现在对其实际运用的探讨上，而且物理学总是能引起人们对现实的整体性思考。同样地，生物学总是以时间为无处不在的背景帷幕，以时间作为无可回避的组织和破坏因子，故而在对时间进行科学性与哲学性的思考时也无法规避生物学。无法规避的还有那些不计其数的科技发展成果，这些科技发展成果深刻地改变和塑造了我们度过时间的方式。此外，心理学、社会学和历史学也提出了它们对于时间的思考。我们关于时间的思考是如此多元化！

我尝试勾勒出关于这些主题的科学研究的概览图：提出怎样的问题、引起怎样的惊讶、激发怎样的观点，以及与哲学有怎样的关系。我试图不把这本书写成一部百科全书，而是写作一部简单而直观的作品就已足矣，于其中我将以较为粗线条的方式描绘出时间的各个方面：因为倘若在书中填充了过多的细节，或者添加些新鲜时讯，又或者描述些奇闻逸事，书的篇幅就可能成倍地增加，但是我希望专注于那些更能助益整体性思考的核心思想。若是真的要了解这些问题的迷人之处——这已然超越我的描述能力之外——那么每一个章节都可以轻易地被编写成另一本书，只是如此长篇累牍，势必会影响读者对整体性的把握。

早在公元前5世纪，赫拉克利特和巴门尼德就提出了对世界的两种不同认识。赫拉克利特认为，世界的存在形式是持续流动着的，但巴门尼德认为世界的真实性在于它的永恒不变。这对于时间与记忆，或者说对于变化和静止的这两种截然相反的观点一直以来都标记着西方文化，也影响着对物质、时间和人类概念的界定，而这种影响也被投射在了现代科学与生活的层面上。对于时间的理解方式甚至反映在我们对世界的探索和我们的生存方式上。科学探索的对象是可重复、可控制的现象，而不是那些具有唯一性和特殊性的现象，这些现象是神秘主义、个人兴趣，以及文学和艺术探索的目标。科学探索的是宇宙和生命的起源、演化过程和其最终的结束方式，但并不研究其整体性及意义，而正是这些在科学研究之外的内容，对时间的感知和理解有着重大的影响。

本书的第一部分探讨的是在生物学和物理学框架下的时间，并且审视了时间对于生命的意义，包括生物节奏、进化、衰老和死亡，还讨论了时间对于宇宙的意义，其中涉及了力学、相对论、宇宙学和热力学。第二部分讨论的是记忆与静止，即时间的对立面，对它们的探讨反而使我们对时间形成了更复杂、更丰富的见解。对时间的对立面的探讨，把我们引入对生物学中生命的稳定不变的因素的研究，包括遗传、神经元和免疫记忆，也把我们引入了对物理学中世界的恒定不变因素的研究，包括守恒定律，普适常数与对称性。如此宏大的课题需要概括与组合，而这两者又最能推动我们的创造力。

尽管我们在这里以探讨科学为主，但不可不提的是 20 世纪以来，技术比科学更深刻地改变了个人乃至社会对时间和记忆的感知与体验。天文望远镜延展了天空的界限，使我们发现了一个动态的宇宙，让我们能够探究宇宙的年龄；时间测量的精准度被提升到了前所未有的高度，超越了人类任何的经验与直觉；随着医学的进步，人的寿命显著延长，世界人口大量地增加，老年人群的比重也不断上升，在现代社会，对死亡的思考早已不见踪迹，尽管在电影和新闻中仍屡见不鲜，但是终究浅显庸俗；临床医学对死亡时间的界定更为精确了，但是富有争议的是，介乎生存与死亡之间的时间却因为现代医学的进步而延长了。

速度一直是 20 世纪的文化常量之一——这是对未来派和先锋

派多么大的鼓舞！知识的更新、发明的周期和生活的节奏都已经加速，使我们比我们的先辈了解了更多不同的事物，但是另一方面，也使我们产生了一种失根感、挫败感和痛苦感；未来变得不确定和无法预测；家用电器，机器人技术和信息技术把我们从以往日常繁重的工作中解放了出来，而且强烈地、良莠不分地影响了大众的劳动观。广告持续地刺激着人们追逐自己的欲望，顺带着激发了一种任性且贪婪的浮躁；借贷优先于储蓄使人们不再需要坚持不懈的努力，就能提前获得想要的东西，这也许会使我们不那么珍惜那些我们已经拥有的事物；电影和计算机模拟已经可以延缓或加快时间的节奏。

　　更有甚者，在物理学中，时间变成了相对的，变成了是由观察者的运动和引力场来决定的；在科技中，电脑正在向最快的处理速度和最大的记忆容量迈进；在艺术中，后现代折中主义在过往中寻找灵感，它们打破时间的概念，将历代元素混合在一起，组成一幅交错的拼贴图。城市生活使我们远离大自然的节奏；那些制冷设备、防腐剂和发达的交通运输系统，虽然经常会损害食物的鲜味，但它们使我们在四季都可以品尝各式各样的食物；人类对大自然的加速开发使得开发速度远高于它本身再生的速度，大自然因此日渐脆弱，岌岌可危。媒体向我们呈现千里之外的重大事件，几乎与事件同步传播，它们战胜延迟，跨越边境，带着别处的烦扰闯入我们的生活，使我们的生活充满了相关的或无关的、有意义的或无意义的信息。

　　记忆方式也发生了决定性的改变。那些能够把图片和声音保存下来，并可以随时获取的媒介，例如电影与影碟，已然和电视与书本一起，构成了 20 世纪最常见的大众文化的基石，而这些在 21 世纪，又逐渐地被信息网络从各个不同的层面所取代。电子与信息的大爆炸为创造海量的、可获取的记忆提供了可能，它们将相当于许多部著作的庞大信息量压缩在极小的空间之内，并且便于将这些资源运用到新的虚拟技术中，由此，用来记忆的文档被逐渐改造成这些新的方式，尽管因为记录和阅读系统的持续革新，这些新的方式目前尚未最终定型。这些新鲜事物的迅速革新在很多情况下都意味着与过去断绝，这意味着，在由遗忘与噪声筑就的藩篱背后，那些曾经的经典的消亡；全球化正导致越来越多语言的消失，这使思想的多样化不断地受到侵蚀，但同时全球化也创造了新的通信方式。

同样，文学也将时间和记忆用不同的方式呈现了出来：从普鲁斯特的《追忆似水年华》和乔伊斯的《尤利西斯》中通过运用令人惊叹的动词旋涡而表现出的意识的原子化，到博尔赫斯的不断分出岔路的迷宫和约瑟夫·普拉的回忆性质的宏伟篇章。但是，发生在 20 世纪的重大战争，还有法西斯主义以及各种形式的独裁带给人类的灾难，使人类的历史记忆变成了一种带有强烈意识的空间，在这个意识空间中，人类极力避免重蹈集中营和种族灭绝的覆辙。从能源的角度来看，人类以消耗久远的历史记忆为代价，狂热地消费石油以及带给 20 世纪的人类以舒适和动力的煤炭：由无数的古老生物转变而成的化石燃料在几个世纪之内就已被过度消耗，而化石燃料的枯竭也正迫使我们加紧寻找清洁的、可再生的替代能源。

综上所述，科技和文化已经深深地影响了现阶段人类对于时间和记忆的看法。时间和记忆这两者与信息也有关联：巨大的数据量令我们窒息，这些数据为了避免使"自己"陷入虚无与痛苦，用概念、关键词和结构化把信息转化成知识，并且希望能从这些知识中过滤出一些所谓的智慧，即使这些方式难免也只是暂时性的。在某些时代，知识分子必须成为推动社会进步的动力。现今，不仅因为政治原因，也因为知识界的流行趋势，进步这一概念正遭遇危机。知识分子正淹没于新鲜事物的洪流中，与其为加快进步的节奏做贡献，不如更客观地考量进步，诠释进步的可能性并揭示进步引起的冲突，把知识和行动的能量聚焦到更有意义的目标上，以避免沉迷于无关紧要的琐事，避免执迷于解决那些不断临时出现的所谓的紧要事务，也避免靠近那些无根据的、片面的、肤浅的事物。因此，对时间和记忆的科学界限的考量，主要是为了概括总结、提出观点、引起大家的惊异与反思。

大卫·周

2013 年 10 月，巴塞罗那

|目　录|

第一部分

时　　间

时间如轮、像箭又似点，就仿佛周而复始的循环，一去不复返的流水，又仿佛独一无二的刹那。时间如暴徒般夺走了我们的心爱之物，掠夺了我们短暂的快乐，却留给我们难以承受的等待、厌倦和痛苦。我们与其将时间看作是线性的流动，不如将时间想象成是激烈的、错综复杂的，是枝条被反复截断又反复生长的分叉，是否更为合适？这种流动是连续不断的，还是由一系列独特的瞬间构成的呢？它是一个深刻而真实的存在，还是我们有限的认知所产生的幻象？我们对周围事物的起源又了解多少？我们对未来又知道些什么？时间最本质的特性到底是纯粹的瞬间还是绵延的整体？时间到底是唯一的，还是每个人都有他自己独特的时间线？永恒是存在的吗？在时间之外，是否存在一种可以想象或难以想象的真实呢？

在与大自然相关联的文化中，年周期有着重大的意义：人们遵循农业劳作的准则，将节庆与社会生活都围绕着年周期展开；宗教把每一个瞬间都笼罩上神圣的光环，赋予它深刻的内涵，将它与广阔的宇宙相连接，并且将它与永久回归的观点结合在一起，甚至还将一个个年份延展成了一部部恢宏的集体艺术作品。对于某些文化来说，这个周期可能更长一些：比如玛雅人，他们认为五十二年为一周期，对应两种历法，其中圣年历的一年是 365 天，民历的一年为十三个月，每月二十天；在周期完结之时，玛雅人要集体迁徙或者举行仪式来祈祷地球不被毁灭。时间是循环往复的还是线性流动的，这是两种相持不下的观点：在古典文明中，很多思想家都认为时间是循环流动的，但是《圣经》和基督教引入了线性时间的概念，它指向神选之民或者整个人类的救赎，这种思想深远地影响了后世对于时间前进的世俗观点。对于片刻与永恒相互交融所带来的独特瞬间，所有宗教的神秘主义者往往会含糊其辞那种无法言喻的厚重之感，就如同我们怀念转瞬即逝的愉悦时的心境，同时又因为这种感受往往带有启示性的内核，使我们耗尽精神与感知也无法企及。

现代生活参与了时间的三个方面：技术创新的拉动和令人无暇喘息的紧要事件的发生（箭），每日工作或家务劳动的单调重复（轮），在时间和间隔的时间中意识的碎片化（点）。对时间的理解含蓄地反映在生活的各个不同的方面，比如大众音乐过于强调基本节奏和雷鸣般的音效，以追求对和谐、微妙以及安静的破坏；

比如囿于短期选举中制约性的缺失而产生的自由概念，用来逃避尚未到来的责任、长期的承诺或真正重要的计划；比如不再将死亡视若生命的一部分的观念。

在这里，我们将要尝试运用多重视角在科学领域中探索时间。生物学研究生命的节奏与生物钟，进化过程中的探索与变化，衰老与通向死亡过程中的毁损，还有对于时间体验的心理差异。物理学研究的是经典力学中的决定论、量子力学的不确定性，混沌理论的不可预测性、相对论中时间对于运动和引力的依赖性、宇宙论中关于时间的起源与终结，还有热力学中时间的不可逆性。

科学对时间探讨的多样性之丰富可同哲学家和作家围绕时间为主题展开的探讨相比拟。几乎所有人都坦言了定义时间的困难性，其中一些人甚至还质疑了时间的真实性。亚里士多德强调了时间的暗黑本质："它不存在，或者它的存在是不完美和晦暗的，可以用来证明的是，一方面，它曾经发生而立刻消失；另一方面，它即将成为但又仍然未是：以此构成无限存在的时间和无限循环的时间。因此，那些构成不存在的'存在'无以成为物质。也因此，永生的神明不在时间的统辖之内。"亚里士多德认为时间与变化相关，并在《物理学》中将它定义为："时间是关于前后运动的数。"这个问题之后在圣托马斯·阿奎那的《神学大全》中被重提，他提出的问题包括：上帝是存在于时间之内还是时间之外，以及如若上帝是存在于时间之外的，又是如何行动于时间之内的。

圣奥古斯丁在《忏悔录》中写道："什么是时间？若无人问我，我即知晓；但若有人问我，而我又欲解其之惑，那我就不得而知了。但是，假若什么都没有发生，那么就不会有过去了的时间；假若将来什么都不会发生，那么也就不会有将要到来的时间；如果现在什么都没有，那么也没有现在的时间。"他还自问，这些不同的时间，过去的和将来的，既然前者已经不存在，而后者还未存在，那么时间是否是真实的呢。"如果现在永远是现在，那么它就不是时间，而是永恒。但是如果现在为了成为时间，那么就应该与过去相结合，如果为了存在而放弃存在，那么我们如何能确认它的存在？我们可以评断的是时间是趋向于不存在的。"其他哲学家认为时间是无法先于体验的，而只是体验的先决条件。康德在《纯粹理性批判》中提出时间不是经验性的概念，而是作为所有直觉基础的必要表现，是一个先决数据，没有它，所有对于现象的感知都是不可能存在的——"这是内在感知的先决形式"。柏格森把亲身经历的线性时间与科学的时间测量对立起来；他提出这使短暂的真实摆脱于绵延并立刻传输到意识，他还认为对现在的疑惑就如数学的瞬间将过去和未来分离开，这是可以设想的，却是无法感知的。对于柏格森来说，我们所感知到的是由即刻的过去和未来组成的厚重的绵延，对时间的意识就是既成事实和即将发生的事实之间的连接线。海德格尔在《存在与时间》中，将时间与生存的条件相关联。米尔恰·伊利亚德在《永恒回归的神话》中，以及保罗·里克尔在《时间与叙事》中，分别从宗教、哲学或叙述的角度，思考了大量与时间相关的问题。

这些著作都清晰地传达出了理解时间的困难性。诗人们也多有感而发，如保尔·瓦莱里说："我让时间一词飞翔。这词语是如此清晰、准确、诚恳而忠实地执行任务……我惊鸿一瞥，它旋即而至。它想让我们相信比起它的作用，它更具有深远的内涵。它由媒介变幻成一个目标，变幻成了可怕的哲学夙愿的目标。变成了思想的谜语、深渊与风暴。"更为突出的是生命的短暂性，这是人类思考的永恒主题：有让人享受时间的，如贺拉斯的"及时行乐"，龙萨的"趁今朝摘取玫瑰"；有伤感于时间一去不复返的，如埃德加·爱伦·坡的《乌鸦》中的"永不再"，豪尔赫·曼里克的"所有逝去的时间都最美好"，弗朗索瓦·维庸的"但去年的雪今夕在何处"；有诗人将时间碎片化成一系列无意识的蜉蝣一瞬的，如克维多的"逝者现今的遗产"；有诗人希望能更长久地预支快乐，在贪婪地获取快乐的同时无限延长它："让这温柔流逝得慢一些吧，／我生而为你守候／我心恰似你的脚步"，瓦雷里对他渐行渐近的爱人说道。有诗人请人跳出时间的，如温加雷蒂的"在一朵摘取的花和另一朵赠予的花之间／不可言喻的虚无"；或有期待所有年代都汇集于一刻的，如何塞普·维桑斯·富瓦说道："太阳，我是永恒的。我眼前之景／已越千年……"有时，诗人们会用时间数据来架构作品：或为一年之四季，这被数不胜数的诗人和诗篇所用；或为一天之时辰，如时辰礼仪的《日课经》，如萨尔瓦多·埃斯普里于的《颂时间之轮》；或为地球一年之时日，如拉蒙·柳利的《友谊与爱情之书》；或为火星一年之时日，如奥克塔维奥·帕斯的《日石》。艾略特在他的反响巨大的《四个四重奏》中，表现了时间如迷宫般的复杂性："现今与过去／也许是未来的现在／抑或过去的未来。／假若所有时间都是永恒的现在／所有时间都无法复还。／或只能成为一种抽象／恒定如永久的可能／只存于一个理论世界。／一如本来可能发生的与已发生的／趋向于同一个终点：永恒的现在。"他也提到过不同年龄对时间的不同感知："也许，随着我们老去／过去有另一种编排，不再是单一的顺序，／乃至发展过程……"

尽管对时间的认识很难形成概念，但是对时间的不同体验却汇成我们对生活的感知中最深刻的一部分。也许是音乐以及回忆、欲望和情感的内在世界根本性地赋予了时间如此多的丰富性：从唤醒了舞蹈与激情的最接近心跳的基本节奏，到心理时间更复杂和精细的框架，在这个框架之内汇集了遥远的瞬间，让我们碰触到了激越的生命体验的叠加，以及时间的静止与永恒。

节奏、摸索与破坏：生命中的时间

生物学中所揭示出的时间流逝尤为残酷，因为它告诉我们，我们对于不再复返的美好时光的追忆终将消亡，对于繁育后代和追求长寿的热情终将褪去，而正是这些追忆和热情构筑了我们的生命。年岁的积累虽使阅历变得丰富，却也付出了高昂的代价，而这种代价通常得不到慷慨的补偿，至多也只是促成些许高贵的平和心态。生物学领域中对时间的研究角度与物理学一样是丰富多元的，后面我们将会讲到，相比后者，生物学更接近鲜活的、直接的体验。

在这一章，我们将探讨自然科学看待时间的不同视角：生命节奏、生物钟、时间感知、大自然的时间深度，生命的进化活力、机体的发育活力以及衰老和死亡带来的毁灭。鉴于此，我们将通过四个方面来考察生物时间：时间的调节性、创造性、毁灭性和人们对时间的心理体验。

首先，无论是时间的创造性还是时间的毁灭性都体现着时间之箭的特征，即标志着时间不可逆转的单向性。时间的毁灭性之箭，那衰老与死亡之箭，与进化中的时间的创造之箭相比更为凸显，也更为无情，因其所占时间是如此之短，而其作用却深植于每个个体。相反，进化的过程却需要占用更长的时间，且只能通过物种和生命总体复杂性的集合来呈现。在后者的意义上，我们可以说时间之箭射向了更整体、更复杂的集合，尽管这种进程总是会被大规模的灭绝所干扰，从而造成偶然性的倒退。在历史上人们总是喋喋不休地评述时间的毁灭性，它让我们感受到了切肤之痛。然后，如果我们脱离自身，放眼大自然，就能觉察到时间的创造性在地质学、生物进化和文化中的体现。历史进程中的各种现象宛若汇聚成一股奔腾不息的洪流，而我们觉得自己正被这股洪流裹挟。

1. 时间的调节性：生物钟与多样节奏

　　无论是在天空中还是在大地上都脉动着节奏：白天与黑夜的轮替、月亮的阴晴圆缺和一年的四季变化都为我们所熟识；但仍有一些与日常无直接交集的自然节奏是我们所未曾意识到的：以11年为周期的太阳活动，彗星的运行轨道——如哈雷彗星，每72年就会到达近日点一次，或以2.6万年为周期的岁差。有些近似重复的现象并无固定周期，只能称得上可以预测，比如气象上的风平浪静或是疾风暴雨，此外还有地磁极性的变化。有的时间之箭意味着不可逆转的定向性：地球自转的"刹车"，地月之间距离的增加，机体从出生到死亡的变化……有些独特现象的时间，既不重复，又不流动，而是无与伦比的辉煌，比如宇宙的诞生、超新星的爆炸，抑或是瞬时的顿悟。所有生物都经历着如此丰富的多样性：重复与逃离，时间之轮与时间之箭，混沌与独特。在这一章节，我们将主要探讨那些节奏、重复和生物现象的多样旋律。

▶▷ 生物钟

　　以不同生物节奏为研究对象所形成的学科，称为时间生物学。事实上，生物的周期行为与其空间结构同等重要。既然生物浸润在充满了各式节奏的自然环境之中，那么生物的节奏与自然环境的节奏在一定程度上琴瑟和弦也就不足为奇了。事实上，许多生物节奏都是近日节律的，这在拉丁语中称为"circa dies"，即"接近一日"之意，也就是接近于昼夜交替的周期性，也称昼夜节律，即希腊语中的"nictameral"一词，其中的"nix"表示"夜"，"emera"表示"昼"：生物温度、心跳值、血压、睾酮浓度、血淋巴细胞浓度等都体现了近日节律；因此，必须按时服用药品是合情合理的。所有这些节奏都是接近于24小时的。我们都体验过节奏改变所带来的苦恼，比如当我们旅行到不同的时区，又比如某些特殊事件改变了我们所熟悉的程序。

但是，存在比昼夜节律更快或更慢的节奏：一些是在小于秒级层面上的，比如脑电图显示出的节奏：在静息状态下的阿尔法（α）脑电波节奏，警觉状态下的倍他（β）脑电波节奏；有的是在分秒层面上的，比如心跳和呼吸，有的是以月份为时间单位的，比如月经；有的是以年为时间单位的，比如树干的年轮、绿叶与花朵的生长、发情期，甚至还有以更长时间为单位的，比如一些昆虫的繁殖周期，它们能保持幼体状态长达数年之久。

当然我们也能想到一些器官对外界不同频率的刺激的反应：比如人类视角膜上视锥细胞的感光色素对波长为450纳米、540纳米和650纳米的辐射光的反应；比如叶绿素最高能吸收波长近500纳米的辐射，而如此波长的辐射是太阳光线中能量最高的。假如我们靠近一颗较为寒冷的恒星居住的话，这些色素就没有多大的用武之地，因为这颗恒星主要的辐射波长更长。随着进化，科学家们发现生物整体的生物节奏正在拓宽，保证了更广泛的分工和更高的专业化，这意味着对自然资源的更充分利用。

这些节奏随着动物体型的大小而各有不同。动物的静息代谢率随着质量而逐渐增大；因此，动物体型越大，它们的呼吸节奏和心率就越缓慢，以配合它们对氧气更大的需求量和更大体积的心脏或肺：因为具有更大体积的心脏和肺的优势，大型动物不需要像小型动物那样频繁的每分钟心脏起搏和肺部呼吸。因此，老鼠的心脏比大象的心脏跳动得更快，胎儿的心跳比母亲的心跳更快。

所有物种的心跳总量似乎都是相近的：大型动物的心跳更缓慢，但寿命更长。哺乳动物一生的心跳总量约为 8 亿次。鼠类在短时间就能达到这个心跳值，大象则需要更长的时间才能达到。然而，恒星却截然相反：越大的恒星，寿命就越短。如太阳一般的恒星寿命约为 100 亿年，两倍于太阳质量的恒星寿命为 6 亿年左右，四倍重的恒星寿命仅为 4000 万年左右。这是因为在质量越大的恒星上，引力压强越大，内部温度越高，这使恒星发射更多能量，也因此在单位时间内就会消耗更多的燃料。所以，比太阳质量更大的恒星存在时间很短，乃至无法在它的行星系统内产生智慧生命。

▶▷　近日节律

鉴于生物节奏的多样性，我们不禁自问，它们是如何产生的，又该如何控制它们。最初，近日节律以 24 小时为近似周期，这是日光、季节等外界环境因素赋予的，但是早在两个世纪以前，生物学家就观察到一些植物的叶子白天舒展，晚上闭合，即使在不透光房间中，这些植物的叶子仍然会在相同的时间开合，所以这一过程的节奏并不直接与光照的改变相关。人们还观察到，在单一光照的环境中，海螺乃至在地下生活了数周之久的人类也仍然会保持近日节律。很多诸如此类的节奏都是基于生物化学过程的生物钟内在驱动的。

事实上，人类和很多动物的近日节律并不精确等同于一天，而是稍长一些的周期，介于25～30小时之间。受白昼周期性的影响，生物钟在每天早上都重新归零。这种重新调整的协同性是必不可少的，因为原则上，生物时间节奏本身随着温度、湿度和其他因素而变化，而这些变化可能会降低内置生物钟的效率。如果没有这种每日的重新协同，身体就会被内置生物钟所支配，身体对时间的概念就会被改变，这一现象已被一组志愿者通过洞穴起居的实验证实了。总的来说，这个计时过程完全不是振荡机制，而是某些物质的持续生产过程，这些物质一旦积累到临界程度，就会引发信号的释放并且重启整个计时过程。这一节奏取决于物质的生产速度和信号释放的临界阈值。

人类有两个重要的近日节律钟：一个调节睡眠—觉醒周期，另一个调节体温、荷尔蒙的生产、食欲和其他生理现象。在此，我们不深入探讨调节睡眠和体温的生物钟的细胞分子运行机制，这极其复杂，我们只简单探讨中枢生物钟的运行机制，它协调了其他外周生物钟的节律。这些节律可能集体罢工——比如在坐飞机长途旅行之后。

　　中枢生物钟调节睡眠—觉醒交替。对于这一生物钟的认识的第一条线索来源于对鼠类生活节律变化的研究，科学家发现位于大脑内部的下丘脑中的视交叉上核似乎控制休息和活动周期，它的细胞损毁会影响鼠类生活节律的变化。视交叉上核位于视交叉之上，而视交叉是源于双眼的视神经的交叉，它们保障了视交叉上核虽然处于大脑内部，但仍然能接收到外界光的刺激。

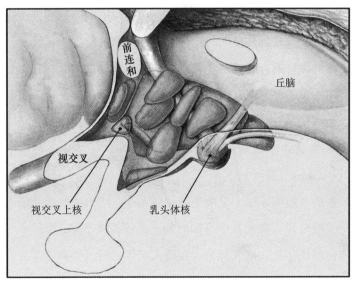

图 1.1　视交叉上核

　　视交叉上核与松果体相连，松果体具有光敏性，并且将节律转变成褪黑素和血清素的分泌，这些分泌物也会反过来影响视交叉上核。褪黑素，即睡眠蛋白，在黄昏和黑夜产生，而血清素产生于白日，是由松果体的两种接收器根据不同的时间而交替分泌的。一些接收器在黄昏时分被激活，刺激褪黑素的生产，这也因季节而异。这些方面的变化会导致失眠，而过多的变化可能导致抑郁，抑郁症状在北欧那样有着漫长冬季的地区更为常见，人们用人工强光的光疗方法进行治疗。我们所提到的这些节律并不来自神经元的相互合力作用，而是分别来源于各个神经元内部。

视交叉上核的损伤会造成睡眠—觉醒节律的丧失。一些极具启发性的实验是以基因变异的仓鼠为实验对象的，它们有着不同的昼夜节律，如24小时或22小时，在实验中破坏一部分实验仓鼠的视交叉上核，并注入其他拥有不同生物钟的生物视交叉上核分泌液。那些具有正常视交叉上核的实验仓鼠仍然保持它们自身的节律，而那些视交叉上核被损毁的实验仓鼠适应了注入物质所属原生物的节律。之后科学家们又发现了调节这项活动的基因：位于X染色体中的per（period）基因组和位于2号染色体中的tim（timeless）基因。

年龄会影响睡眠—觉醒生物钟的运作。刚出生的婴儿还未适应明—暗规律，需要几个月的时间来适应正常节奏；而且婴儿睡眠的持续性往往比成人长久。在迈入老年之后，生物钟又会改变其运行机制，趋向于扰乱睡眠—觉醒周期，造成夜晚的失眠和白日的困倦。尽管这些特点令人不适，但却是自然现象。人可以通过药物来抵制这些变化，也可以适应这些变化，在白日困顿之时多添些睡眠，在夜晚失眠之时阅读一些书籍或者寻找一些其他娱乐方式。

一些器官，比如心脏，有着它自己的生物钟和特殊的调节器。从数学物理的角度来看，心跳周期与单摆运动或者弹簧运动是不一样的。在单摆和弹簧运动中，振幅取决于起始条件而不是频率，因为频率是由振荡器内部特征决定的，比如摆线的长度、弹簧的弹性等。相反，心脏的频率和振幅都是确定不变的。这种情况称为极限环。心电图对这些周期的研究是获知心脏异常的信息来源，因为心脏异常会改变心电图的正常体现，通过心电图也可以检测心脏是否存在潜在危险，比如心室颤动。在这种情况下，心肌细胞不再同时搏动收缩，而是各自不规则、痉挛性地不协调收缩，而且不会产生足够推动血液的力量。

▶▷　细胞的生物钟

生物钟在细胞层面的工作机制也十分有趣。科学家们普遍认为将近 10% 的基因有着 24 小时周期性。这个机制的关键很简单：基因通过相应的信使核糖核酸（mRNA）向细胞核外部传递蛋白质生产信息。蛋白质在细胞核外的细胞质中被生产，但是并不在细胞质中停留，而是进入细胞核并且抑制读取生产该蛋白质的基因；如此一来，基因无法运作，蛋白质无法更新，它的浓度就会降低，直到因为数量不足而无法抑制基因的读取时，基因就会再次发出生产蛋白质的信号，如此反复，造就了一个循环过程。

最引人关注的细胞生物钟是调节有丝分裂和细胞分裂周期的生物钟，这是发育和癌症生物学的研究热点。这一节奏具有多样性：胚胎细胞每几分钟就会产生一次分裂；年轻人的皮肤和肠细胞每几天会分裂一次；肌肉细胞每几个月分裂一次；神经细胞则不会分裂。有丝分裂的节奏是由一种蛋白质控制的（MPF：卵细胞促成熟因子），它是由两条氨基酸链组成的：其中之一就是周期蛋白，它在新细胞中的含量低，但是会被持续不断地生产，待它的浓度不断增加至一个临界水平，就会与第二条浓度稳定的氨基酸链相组合。这两条氨基酸链的组合转变成了卵细胞促成熟因子。有丝分裂一旦开始，周期蛋白就会被损毁，这个过程又会重新开始直到下一次复制。如果周期蛋白不被损毁，那么有丝分裂就会停止。

▶▷　节奏的多样性与同步性

在一个有着多种不同节奏的系统内，当不同的周期呈现出相互协同的态势时，系统就可以处于一个最佳运行状态。比如细胞的代谢，由数千种相互联系的化学作用组成，而代谢节奏则是由一些特定酶根据环境和内在条件来控制的，以此保证了主要反应网络运行的有效性和稳定性。

相同种类的动物也可以制造生物钟的同步。一个神奇的例子就是尽管鱼类在整整一年中都在远涉重洋，但是它们仍然会在特定的日期在特定的海滩繁殖。另一个引人注目的事例是一些品种的蝴蝶——比如马来西亚萤——它们会停在树上，慢慢同步它们的荧光，直到达到相同的亮度。一开始，每只蝴蝶都会有各自不同的闪光频率，这种闪光是持续而微弱的。然而，这种起始状态的不同会慢慢减弱，直到最后所有蝴蝶都会一起闪光，使整棵树美轮美奂地一明一灭。这些协同现象通常是由于每个个体之间的如外激素一般的化学标记。这类似于阅兵仪式中的士兵们，最开始每个士兵的步调都不同，人们听到的都是些时有时无的杂音；直到士兵们的步调慢慢地开始同步，人们才会听到整齐划一的行军步调。

不同节奏之间的交流对话在生物学的许多领域都显得尤为重要。这种对话在原核细胞进化为真核细胞，以及单细胞生物进化为多细胞生物的过程中都是必不可少的。事实上，一个生物体是一个有机整体，当它的核心构成成分死亡，其他所有的构成成分也会随之死亡。这种同步性体现在从约 36 亿年前到约 16 亿年前这一漫长的时间过渡中，即从最早的原核细胞的产生一直到最早的、由不同的原核细胞的共生而产生的真核细胞；此外，从真核细胞的出现到约 8 亿年前最早的多细胞生物的出现，这漫长的时间过渡也体现了这一同步的困难性——同步生命节奏是非常艰辛的。另一个例子是，狩猎和捕鱼的节奏应该与猎捕生物的繁殖节奏相协调，不协调会导致生物的灭绝或者引起日后的食品危机。在人类的性征方面，男性的节奏更快速、更无所顾虑；而女性的节奏则有所不同，它更为缓慢，男女双方必须互相协调才能真正地情投意合。

在谈及生物整体的节奏时，值得一提的现象还有不同种类的动植物以不同的时间秩序而进行的重建，如被火烧毁的森林，或者昆虫和微生物以不同的时间秩序逐渐占据尸体。这些都非常有意思，对于前者的研究有助于找到森林恢复的最佳方案；对于后者的研究则可以应用于法医学中对野外尸体的死亡时间的确定。不同物种的不同繁殖节奏对于这一时间秩序起着很大的作用：节奏快的是最先抢占地盘的，而节奏慢的只能跟随其后。

▶▷　时间与食物

　　汲取营养对于生命的维持起着决定性的作用，它决定了生命的可能性和生命的延续性。食物的采集和生产一直是人类历史舞台的背景帷幕。从采集和狩猎这样不稳定的被动获取，到农耕和畜牧这样系统性的主动培育，既是人类历史的基本演变，也使人类因为耕耘的需求而更关注自然节奏。食物普遍易坏，能够在尽可能长的时间内保存食物，也许是时间问题平庸但又不可回避的一面。无论是在煮饭做菜的过程中，还是食品加工方面，时间都扮演着重要角色。任何食谱的兑现都在绝大程度上取决于时间，我们在一定的时间之内，用一定的温度蒸煮、油炸或者烘烤食物。

　　时间节奏在食物保存质量方面也起着重要作用。比如，如果冷冻过程迅速，冷冻食品的保存质量就会明显提高。这是因为冷冻使食物细胞内部产生冰晶；如果冷冻过程缓慢，这些冰晶的体积可能会很大，从而破坏细胞膜，使正常情况下储存在细胞内部的物质流出细胞，那么在解冻之后，食物的韧性就会发生改变。反之，如果冷冻过程迅速，就不会为大块冰晶的形成提供充足时间，细胞就能保持它的完整性，这样在解冻之后，食物仍然能保持它原先的味道和韧性。对于冷冻节奏重要性的发现是食品技术的一项里程碑。在高温保存的过程中，节奏也起到重要作用。在高温条件下，随着温度的上升，微生物存活时间会显著降低。所以，我们用 100℃ 的高温，就可以相对缓慢地消灭微生物，我们也可以用 120℃ 的高温更快地消灭微生物。这种策略允许我们在给定时间内加工更多的食物，而且尽量减少对食物营养的破坏。所以，例如奶制品的保存加工就一直沿用瞬时高温的方法。

　　如果要尽可能久地保存食物，并且尽可能地保留它们的品质与味道，我们不仅可以采用热技术，也可以采用化学加工，比如使用防腐剂来处理食物，此外还可以对食物进行高压处置、真空包装或者将其置于无氧环境：所有这些过程都是与时间对抗的行之有效的方法。

2. 时间的创造性：进化、发育、文化

在自然界中，时间有它创造性的一面：发育与进化，新的生命形式的肇始，以及从一颗受精卵到机体组织的演变过程。同样地，思想也有它创造性的一面：新的想法、新的理论、新的音乐、新的艺术品和新的技术。当这些新生事物比旧事物更丰富、更有效，或者更美丽的时候，我们就称为创造，而不是单纯的生产。由于我们习惯于重复性的生产，也习惯于那些存在于我们身边的旧事物的消亡，因此新鲜事物的出现往往会引起我们的特别关注，它们为我们打开了新的天地，这片天地充满了复杂性，充满了行动与意识的更大可能性。

进化论意味着对于时间与生物关系的认识最大限度的转变。在长达3000年的岁月中，人们一直认为当前的地球和生物物种一如它们被创造时的面貌，这种想法根植于神学和《圣经》，也根植于本体论，将存在等同于静止。生物学家的任务是发现、描述和归类生物，理解生物的构成和运作——生化反应和生理机能。

发育，即细胞分化和形态发生，或者也可以描述为形成中的生物体出现新的结构，它构成了生物学中的一项挑战，同时也成为数学发展的一大推动力。当达尔文提出进化论时，海克尔大胆地提出了进化过程与胚胎发育类似的观点，进而推断出在进化的

过程中，生物体首先以最原始的物种形态呈现，并且总是在不断地进化："生物的个体发育是其系统发育的重演。"在相当一段时间内，科学家们都试着基于对胚胎的观察来绘制进化谱系树。在胚胎发育过程中的细胞分化机制和形态控制是生物学研究的核心主题之一。

▶▷ 地质学中的时间

在 18 世纪以前，人们认为地球与宇宙同寿，地球年龄的测算糅合了《圣经》中长老们的岁数，融入了某些其他文化的历史来填充《圣经》叙述漫长的时间跨度。很多人都尝试过这项测算活动，而这些活动同时也助长了比较文化研究，这些作者中包括认为宇宙被创造于公元前 3998 年的牛顿，也包括推算宇宙被创造于公元前 4004 年 10 月 23 日、也是测算最为精细的大主教厄谢尔。当时人们认为，无论是地球还是宇宙，它们的年龄都十分有限。康德和拉普拉斯在 18 世纪末的时候，通过对气体云的研究，第一次提出了太阳系形成的物理理论，并认为宇宙比地球更为古老。

为了测定地球的年龄，科学家们运用了古生物学和物理学方法。化石一直为人所知，但是对它的解读却不一而足：对于一些人来说，化石是灭绝了的生命的表现，那些在山上发现的鱼类化石和贝壳化石是世界性的大洪水曾经发生的证明；对于一些人来说，化石是无机自然界对生命形式的模仿而产生的新颖事物；而对于另一些人来说，化石是撒旦模仿上帝的创造，用来欺骗世人而创作的雕塑；又或是上帝在创造了生物之余，用过剩了的创造力创造的石类。在 1670 年左右，科学家们才开始对化石以及化石与它所处岩层的关系进行系统的研究。

灾变论是第一个用灭绝物种的化石来计量地球历史阶段的理论，这个理论认为地球经历了一系列的大灾难，清除了地球上的大部分居民，而最后的灾难也许就是大洪水。尽管人们已经发现了大量的灭绝物种，但是鉴于灾难一般都来势汹汹又极其迅猛，所以认为地球相对年轻的理论也可能是站得住脚的。1795 年，赫顿提出了一个被称为均变论的新理论，认为地球时间就如一系列宏大的地质循环。由于我们通常观察到的是大自然中的侵蚀现象，由此我们更容易将地质学与衰退过程联系起来，但是赫顿却设想出了地质层的再生过程：沉积物的堆积层会使沉积物内部压力和温度上升，从而导致地质运动，重新抬高地层。这个理论一直到 1830 年左右经赖尔的完善之后，才开始被接受。

工业革命刺激了矿藏的深度开发以及运河、隧道的挖掘，这大大促进了人类对地质学和化石的认知。1815 年左右，化石被认为是沉积物和石头的年龄标记。比如，我们在寒武纪和侏罗纪的沉积层中都发现了石灰岩，但是那些三叶虫的化石却是寒武纪特有的。以此，这些有标志性作用的化石超越了它对局部地区的价值，而对地球上更大的区域都有借鉴价值。1841 年，科学家们开始运用新的概念来归类地质时间，包括古生代，从约 5.5 亿年到约 2.5 亿年；中生代，从约 2.5 亿年到约 6500 万年，这是恐龙和其他许多物种消失的大灭绝时期；新生代，从约 6500 万年至今，这段时期又被分为约从 6500 万年到 2500 万年的第三纪和之后到如今的第四纪。

化石能告诉我们相对年代，而不是绝对年代。乔治·勒克莱尔·布丰伯爵，通过观察加热泛红的铁球的冷却时间，开始将物理方法运用到地球年龄的研究中。基于铁球的冷却时间和球体半径，以及地球最初是个铁铸球的设想，布丰伯爵测算出地球的年龄约为 7.5 万年。其他作者采用了另一些方法，比如基于地球自转速度的减缓，得出地球的年龄约为 5600 万年；另一些作者认为海水最初并不是咸的，海水盐量的增加是由于河水的注入，所以基于海水的含盐量，可以得出地球的年龄约为 9000 万年；还有些作者基于沉积层的形成速度来演算地球的年龄。开尔文男爵通过仔细研究地球的冷却，认为直到公元 1860 年为止，地球约为 1 亿岁。这些方法的最常见错误就是认为他们所研究的过程有着持续统一的节奏；就以这些热学方法来看，它们的错误在于在那个年代人们并不知道辐射加热这一概念，这种辐射加热是地球内热的重要来源。

尽管我们能在地球上找到的最古老的石块只有 39 亿年之久，但是目前我们认为地球约为 45 亿岁，这是科学家们在 1956 年通过研究陨石的放射性得出的结论。由于月球的石块并不像地球的石块那样遭遇了如此多的变化，科学家们通过对从月球获取的石块进行放射性分析，证实了这一地球年龄测算的正确性。

事实上，地球活力不仅仅体现在地形上的高低起伏，还体现在流体岩浆之上的大陆板块移动。如此，就如韦格纳在 1914 年左右首次提出的那样，大陆是位于海平面以上的大块地壳的一部分，它们缓慢地移动、相互破坏、相互合并，碰撞产生了新的地貌：像喜马拉雅山、阿尔卑斯山和安第斯山那样位于受挤压地块的大型山脉，还有形形色色的地震带和火山运动带。因此，如今的地球和4亿年前的地球的地理形态和生物构成都大不相同，那时所有大陆板块还是处于南半球的一块完整的大陆，没有植物和陆生动物以及飞行动物，当时海里还不存在硬骨鱼和软骨鱼，具有坚硬且分节外壳的三叶虫称雄称霸，而如今三叶虫却已然灭绝。如果我们想要去一个陌生的星球，根本不需要往空间上转移：只要翘首未来或者回望过去足矣。

▶ ▷　时间与生物进化

从认为地球仅有约5000岁到认为地球有几亿年的历史，这一观念转变对于自然科学来说至关重要，并且为生物学的进步开启了新的展望。对于物种不变论的修订最早出现在布丰伯爵的《自然通史》和拉马克骑士——让-巴普蒂斯特·德·莫内1809年出版的《动物学哲学》之中。对于布丰伯爵来说，化石代表着灭绝了的物种：上帝最初所营造的繁荣世界的衰落。拉马克骑士反驳了这个观点，并且认为个体为了适应外界环境而做出的努力，引起其解剖学意义与功能的变化，并且遗传至下一代，长远来看，这一过程使其后代对环境有了更好的适应力，并且增加了生物整体的复杂性。这可以算是根本性的观念转变，也在生物化石和幸存的生物之间搭建了桥梁。类似的想法获得了相当多的支持，比如歌德在对自然的研究中寻找所有植物的共同始祖，他还在人类身上发现了上颌骨，而以前许多自然学家正是以人类无上颌骨为依据，将人类和动物根本区别开来。

达尔文在出版于 1895 年的《依据自然选择或在生存竞争中适者存活讨论物种起源》是对人类进化过程的解读的一大重要转折。对达尔文而言，个体的解剖与生理改变并不是努力的结果，而是由偶然性的变异产生的，而个体都是在有限资源的环境中，在为适者生存而展开的斗争中优胜劣汰的结果。这一观点比拉马克骑士的观点更难以让人接受：对于拉马克骑士来说，有益的转变是对努力的回报；对于达尔文来说，这是不可控的偶然性造成的结果，

图 2.1 达尔文将时间作为生物多样性的帷幕

于其个人并无丝毫贡献，而且是由于个体之间的相互竞争造成的。达尔文受到马尔萨斯关于人口增长的论文的启发，提出了三个要点：在没有任何限制的情况下，生物就会持续不断地生长直到占领整个地球；对有限资源的抢夺是导致生物大规模灭绝的原因；灭绝并不是随机发生的，而是主要针对那些对环境适应能力低的生物。

进化论将时间作为生物学的巨型背景帷幕，而这一时间表现形式错综复杂并且波涛汹涌：偶然的变异、斗争、缓慢消逝或者瞬间消失以及物种百万年的幸存……这些变化需要相当长的时间间隔。因此，达尔文遇到的一个难题就是与著名的物理学家开尔文男爵的争论，后者认为地球年龄不超过 1 亿岁。此外，达尔文遇到的另一个难题就是对遗传机制的一无所知，因为他当时并不了解门德尔关于遗传性状传递的研究结果。达尔文并不了解基因变化为什么能遗传下来，而不是随着每一代的传承而逐渐稀释。这个难题在 20 世纪初期得到了解决，当时德·弗里斯重新发现了门德尔的研究成果，并且发现这些变化确实不会被稀释，而是被保存下来；如果是显性基因，总是会在个体中显现出来，而如果是隐性基因，那么只会在一部分个体中表现出来。

当科学家们在 DNA 中成功定位并且充分理解了遗传的分子基础之后，进化机制被解读为 DNA 中偶然性变异的组合，它是所有个体解剖与生理变化的根源，同时也是环境选择的结果。这是因为有效性的提高可以保障更大的繁殖可能性并且扩展基因库，从而最终影响更广泛的人口。但是 DNA 的改变并不仅仅是区区几对作为基因信息的表达"字母"的分子基础的变异，而是更大规模上的修改，比如 DNA 的部分移植，或有性重组、或整个基因乃至整个基因组的复制，它们都加快了整个进化过程。DNA 修改的动力是丰富多元的。

然而，不仅物种的出现令人着迷，同样令人瞩目的还有物种的灭绝，不仅包括那些正逐渐消失的物种不言而喻的灭绝，还包括那些令人不安和震惊的大规模灭绝。其中最令人好奇的就是恐龙在 6500 万年前的灭绝，除此之外，还有其他三次大规模灭绝：分别在约 4.4 亿年前，3.6 亿年前和 2.2 亿年前。其中一些意味着 80% 的生物的灭绝。关于这些灭绝的产生原因有诸多假设：也许是缓慢而渐变的现象，如火对地质的激烈而长久的改造作用，或大规模的流行病；也许是突发性的灾难，如较大的陨石撞击地球。此外，关于这些灭绝在整个生物进程中所起的作用也有诸多探讨。仅仅在大灾难之后的几千年之内，地球又恢复了生机，又充满了与灾前相匹敌的甚至更多的物种数量。恐龙的灭绝为哺乳动物的扩张铺平了道路。假如恐龙没有灭绝，会发生什么呢？我们会在何处？

偶然性，并不只限于 DNA 分子层面上，有时候还会影响整个星球。

▶▷ 生命的起源与进化的节奏

尽管生命进化作为整体性的概念已普遍地被接受，但某些细节仍有待推敲。其中关键的一点便是生命起源以及触发生命起源的化学物理过程。我们认为进化在这个层面上起到了极大的作用。

事实上，进化并不只是生命独有的。如果我们有一个相对简单的分子，那么它可以凭借某种方式基于它的组成成分来复制自身，这个过程并不需要生命，只需要类似地质催化剂的无机资源就可以完成进化。这需要两项条件：分子的复制品并不总与原分子相似，而是可以产生一些错误或者新物质，打个比方，A、B 和 C 三个部分可能习惯性地形成 ABC 分子，但是有时也可以形成 ACB 分子。这一新的分子与原先的分子相比，能更迅速地繁殖，且这些过程发生在 A、B 和 C 数量有限的环境中，在这种情况下，自主复制越快的分子相对于慢的就更有优势，并最终取代劣势的一方。假如之后分子又发生了改变，比如产生了 ACBCA 分子，它比之前的几种 ABC 和 ACB 分子能更迅速地自我复制，那么就会发生同样的情况。这种并非永远相同复制的、有着不同的繁殖功效的和拥有有限的可利用资源的过程，可以加快找到更有效的组合。

关于生命起源的话题一直众说纷纭。也许有一天我们能够在实验室里制造生命，但也许和我们所熟悉的生命相去甚远。目前，基于氨基酸以非生命的形式获取蛋白质，或基于组成 RNA 和 DNA 的核苷酸来获取 RNA 和 DNA，我们与之都相去甚远。地理环境中像黏土、黄铁矿和其他矿物质之类的元素，也许对最初高分子合成物从各个组成到最后的形成起到了重要的作用。也许最初的生命体存于岩缝中流动的“原始汤”中，或者也许在海底，抑或在湿地中？可以肯定的是从一个我们尚且一无所知的世界过渡到了 RNA 的世界，在这个世界中，RNA 不仅起到了酶的作用，还起到了遗传信息储存柜的作用，而之后 RNA 的功能又分摊到了具有酶的作用和其他功能的蛋白质，以及作为遗传信息存储柜的 DNA 两者身上，这些蛋白质和 DNA 均比 RNA 的相关功能更有效。

另一些争议集中在进化的节奏问题上。尽管因为缺少一些化石来形成一条完整的进化链，从而导致证明生物的持续进化碰到很多实际困难，但达尔文依旧认为进化节奏是近似不变的。这个难题应归因于个体形成化石的概率太小，并且最终可供古生物学家研究的化石更是少之又少。因此，化石的缺失并不足以证明进化节奏的不连续性。

1972 年，埃尔德雷奇和古尔德提出，在进化过程中有长时间的沉寂和稳定，在这些特定的时间段内，生物很少有变化，随之而来的是进化活动纷繁的时期，这种理论被称为间断平衡论。这个理论的一个佐证是，人们很少能找到某一些时代的新物种的化石，却能找到另一些时代留存下来的大量的新物种的化石。比如通过化石，我们可以得出在 600 万年的时间跨度之内，三叶虫丝毫未变，但是突然之间又出现了很多新的种类。也有人认为，这也许是因为在某些条件之下，变异可能更快，而在另外一些条件下，变异可能更缓慢，但这并不是间断平衡论严格意义上的必要条件，只要小的变异在基因型上逐步累积，达到一定程度之后，就会一起显现出来。

达尔文在进化论研究过程中涉猎较少的另一方面是竞争以外的共生或者合作。合作在物种起源以前和生物进化中有着非凡的建树。从离散的分子到作用网或 DNA 长链；从反应和分子到活细

图 2.2　微生物层在较浅的水域形成层叠岩

注：层叠岩化石含有生活在约 30 亿年前的微生物信息。其中的一些微生物最先开始了光合作用，我们因而得到了地球空气中的氧气。

胞；从原核细胞到真核细胞；从真核细胞到多细胞生物；从生物到动物社会或人类社会……林恩·马古利斯的关于原核细胞（无细胞核）向真核细胞（有细胞核）过渡的理论就如多种原核细胞共生理论一样，以及其他一些学者将博弈论运用于生物系统之内的理论，这些理论研究了在什么条件下合作比竞争更有益处，给进化论中关于共生与合作的研究注入了新的动力。共生与合作蕴含着对进化时间节奏的改变，因为在合作中，很多生物都实现了多种可能性，而这些可能性仅仅通过竞争是无法企及的。

　　约在距今 5.4 亿年至 4.9 亿年之间的寒武纪，是生命历史中进化最丰富多彩的阶段之一。在这段时期，大气中主要来源于光合作用的氧气，其含量足够产生臭氧层，来保护地球生命免受紫外线辐射伤害。如此，生命摆脱了水域的限制，开始占领陆地与天空。在生命面前突然呈现出了各种可能性，并以此创造了各种生命形式的绽放。在之后的时间里，许多生命形式因为低效而消失，唯独遗留下化石。这些逝去将生命纳入更狭窄的框架内，与那个灿烂的生物创造年代相比，这些逝去使生命形式更为单一。

▶▷ 基因与历史

另一个争议的焦点在于自然选择的作用对象的确定：是基因、个体还是群体。自然选择直接施加于个体，但是在个体层面以下，也可能施加于基因或者基因组。1900 年左右，一些作者如此描述道，"一只母鸡是一只鸡蛋用来生产另一只鸡蛋的媒介"，这些想法在最近又被重新提出，表述为个体凭借自私的基因用以繁殖，而这些自私的基因才是进化的主角；或者区别于直接对个体施加的作用，一些群居特征也能够影响一个物种的存活，比如地域分散和可变性。木村资生的中性演化理论强调了随机性在很多基因的中性演化中的作用，这些中性演化并无好坏的影响，因为自然选择仅仅删除那些真正有害的演化。目前，统一行动的基因组又被重新重视。比如，很多基因都参与到眼睛的形成或凝血过程，大部分单独基因的变异与其他基因是不兼容的，这使变异了的基因个体无法存活。但是，在一些情况下会发生中性演化，并不产生即刻利益或是不便，但是久而久之可能会带来益处。可想而知，这一类变异的叠加可能导致突然的、非常复杂的变化，而这一累积过程也许历经了好几千年。

另一个议题是由达尔文提出的环境选择和基因组纯化学物理限制或内在动力的相对作用。我们难以得知一些尚未发现的结构是否已被环境选择所否决，或是那些物理化学法则使这些结构变得不可能。假如生命重新开始，那么地球40亿岁时的面貌是否和现在一样呢？进化历史是否还会发展成与如今相似的结果？过程是否会完全不同呢？从小处看，毫无疑问，历史是不可重复的；但是从大处着眼，根据多次对进化过程的计算机模拟，生物系统的核心结构、遗传模式和代谢模式更像是生命动力的强大的吸引子。

我们已经强调过DNA并不是静态的，而是不断历经变异、移植和重组，它们都是进化舞台上的背景杂音。一开始科学家们认为变异和转录错误的节奏都相对缓慢。他们后来发现这些节奏其实相当迅速，但是总有修复酶一直游走于DNA之中，不断地修正复制错误。变化节奏可能取决于变异的真实节奏，但是也可能取决于修复酶的运作缺陷。变异节奏和进化节奏之间的关系说来复杂。

变异节奏因基因而异。一些蛋白质是很稳定的：这些蛋白质从豌豆到人类都是基本相同的。相反，另外一些蛋白质则有更多的变化，其基因的变异节奏十分迅速。如果一个基因的变异节奏是持续不变的，我们就可以通过比较两个不同物种的相似基因，来估算这两种物种从相同祖先开始分化得来的时间。把这个方法运用到黑猩猩和人类身上，可以得出结论：这两个族群分离时间约在 500 万年前，这与根据化石推断出来的理论相左，后者测算此时间为 1500 万年前。在所有未进化到人科的动物化石中，最为古老的要数非洲南方古猿，距今约 400 万年。

这些计时方法为分类学，也就是为关于物种分类的科学带来了新的契机。经典分类学是基于解剖以及胚胎特征来确定物种之间的亲缘关系，并且用地层学来测算年份。相反，分子分类学通过选取蛋白质和比较两个不同物种之间氨基酸的不同数量来建立亲缘关系，并且根据相关基因典型的变异节奏来测算物种分离的时间，最终以此来建立时间相对准确的生命谱系，如果能够分析多种不同的蛋白质，那么这一测算的结果值就更为准确。

基因与历史的关系还被运用到大规模移民的研究中。其根据在于研究一些基因的多样性，一般选取 DNA 线粒体的基因，它们由母系遗传而来，不会被影响细胞核 DNA 的有性重组所改变。群体的基因多样性程度越高，群体就越古老，因为基因需要更多的时间来产生更多的变异。这一技术或许为新石器时代的大规模移民提供了一些证明的手段，并对传统史前研究进行了完善，还证实了通过对比语言不同所得的结果。

▶▷ 发 育

一个个体从最初的细胞——比如受精卵——发育到成年，是我们所说的时间的创造性的又一典型例证。这一发育的时间度量衡，也就是年、月、日，比以世纪、千年和百万年为计时单位的典型进化时间更加迅疾。在发育的一些阶段，比如在人类的胚胎期，一秒之内可以产生几百万的新细胞。但这并不是已存在的细胞的简单倍增，而是还包含着分化与形态生成，也就是说，所有新生细胞与最初的细胞都不完全等同，而是产生越来越不同的细胞，例如，不同组织和器官的细胞，它们以新的典型群体结构聚集。发育是如何将一个细胞变为好几十亿个不同的细胞并组成不同的复杂结构，这一直是热点研究领域。

大约在19世纪末，恩斯特·黑克尔观察到相互之间发育形态差异很大的不同物种的个体在胚胎发育的最初阶段确是十分相似的。他将自己的观察结果浓缩成了广为人知的一句话，即"生物的个体发育是其系统发育的重演"，即在发育的过程中，一个胚胎会历经好几个阶段，胚胎的形态越是类似更原始的生物物种，那么它的发育阶段就越早。这些观点引起了对进化与发育之间可能存在关联的关注。大约几十年前，所谓的evo-devo（进化与发育），也就是进化与发育的合并研究，为这两个领域的研究打开了新的光明前景。

事实上，所有生物的细胞都有相同的DNA，即相同的遗传信息，但是每种不同细胞阅读或表达遗传信息的具体某一部分，与其他种类的细胞表达出来的遗传信息并不完全相同。发育研究希望了解的是，随着生物因持续的细胞分裂而增大的同时，每个细胞解读的是哪一部分的遗传信息。生物发育研究的一个典型范例是秀丽隐杆线虫发育，它在成虫阶段约有960多个细胞，这是一个可操控的数量，同时又足够进行细致的观察而不至于过于简化。通过这个生物，科学家们能够了解它从单个细胞到成虫阶段的整个发育过程中对 DNA 表达的多样性，并且研究导致细胞持续分裂的分子机制，以及由它产生的上皮、肌肉、神经元、眼、神经结和成年体的所有的组织、器官和系统。这一结果，有着真正的生物工匠的精细，就如演绎了一曲展示蠕虫发育的短暂历程的非凡的乐章，其中时间展示出了不同的节奏、分岔与合并。

尽管这项研究很细致，但仍不足以帮助我们完全理解发育与进化之间的关系，比如理解为什么许多不同种类的胚胎在发育起始阶段都极其相似，但在之后的发育过程中会逐渐产生差异。为此，一方面我们需要比较不同种类的生物，另一方面我们需要以更复杂的生物为研究对象。这里所提出的问题不仅涉及产生不同种类的分化细胞的多种基因的表达，还涉及那些调节生物的身体结构的重要方面的基因，比如那些分配头部、胸部、腹部和四肢的细胞的基因，以及其他一些基因，它们控制昆虫的眼睛和触须长在头部，而足部和翅膀长在胸部；还控制人的双臂出现在胸部，而双脚在腹部。通过操纵这些结构基因可以改变生物结构，比如使眼睛长在腹部，双脚顶在头上，或者触须生在腹部。

随着生物的发育，基因以不同的次序被表达，通常都是先表达那些描绘大致面貌的基因，然后再是那些提供特殊细节信息的基因。因此，在发育初期，如果只表达了一些大概，而未表达具体细节，不同品种的生物就可能有更多相对类似的形式，之后会随着对结构基因更详细的表达而不断被区分。

▶▷ 思考：从生物进化到文化进化

谈及时间的创造性，我们不得不谈及思想的世界，或者以更严格的生物学术语来说，神经系统活动的世界制造了一个足够复杂的大脑，来处理那些生物存活的真正需求。人类的语言虽后于动物的交流而产生，但却远远超越动物的交流。基于人类语言的出现与发展，大脑活动因社会活动而增加，并传递到相对独立的个体，出现了技术、政治、经济、精神、美学和科学活动，改变了进化历程，使生物进化过渡到了文化进化。

文化进化意味着前代将取得的成果传递给后代。在这个层面上，文化进化与其说是达尔文主义的，不如说更偏向拉马克主义：很多薪火相传的成果都源于前代的努力。然而，这些传承的成果、技术以及想法一部分来源于偶然与选择的组合，这更类似于达尔文主义进化论。

艺术或科学领域内形形色色的创造性元素都是多种可能性的加速组合，艺术家或科学家于其中自主选择个人认为最合适的组合。在这个阶段，个人大脑的具体运作和它对文化环境的开放度——这可以是促进的、压制的或毫无影响的——有着重要的作用，并使我们深入到不同复杂度与精细度的神经运行层面。此外，还有其他与艺术作品或具体理论的接受度与传播度相关联的选择过程，这些选择过程取决于文化、经济和政治环境。每一种想法、理论或具体技术都与其他可能性竞争资金资源、材料资源和有限的市场资源有关。如此，那些取得更多成就的成果就可以获取更多的资源，用以优化并扩大它的传承。

生物进化与文化进化的关系可能会出现问题。以医学文化为例，保护生病的个体，为其达到足已繁育后代的年纪提供可能，这使与该疾病相关的基因可以在群体中保存并传播，而这些基因在没有医疗保护的情况下很可能被自然选择所去除。在这个意义上，文化进化也许与生物进化背道而驰，因为它为可能被进化淘汰的基因的传播提供便利。生物进化与文化进化的另一个冲突体现在人类对生物进化的干预上：或灭绝很多物种——如果算上已被人类消灭的物种数量，那么已然可以与群体灭绝相提并论——；或使用基因工程生产新的物种。

3. 时间的毁灭性：衰老与死亡

死亡的不可避免和幸福的稍纵即逝是人类智慧最原始的主题，也是哲学、宗教和诗学中思考最翔实的主题。超越对于生存的简单百常，人类是唯一认识到自己终将面临死亡的一种生物，这赋予我们以特殊的深度和戏剧的色彩去感知时间。我们知道时间是我们的血肉之肉——皮肤的皱纹、肌肉的松弛、感官的钝化，时间与我们同体，也是我们生命旋律的节拍。虽然作为每个个体，我们都感到最终的死亡是不公平的，但是从物种的角度来看，更不公平的却是人类获得永生，因为这将使新生命的数量锐减，并且降低大自然的再生能力。然而，即使我们接受死亡，衰老却使我们感到无比愤懑，因其减少我们的生命资源，增加我们生活的不便。所以，我们希望更好地理解衰老是如何以及为何产生的，是什么决定了它的节奏，还有我们能把它的影响降低到什么程度。

▶▷　人口增加

包括卫生、抗生素、外科和移植等方面的医学进步，使人类对生命的预期增加，随之而来的人口寿命的增加使针对衰老过程的研究日趋繁荣，同时对治疗衰老的兴趣也与日俱增。它的经济负担也是沉重的，因为维持老龄化的、非劳动力的且社会参与度低的人口的代价非常高昂；另外，也产生了与在身体与心智退化状态下的生命价值相关的一系列伦理问题。诚然，尽可能地减少这些情况，减少这些情况带来的成本，优化生命条件，这些都是生物医学的研究目标。

预期寿命的增加意味着更少的人死于青壮年，但是这并不意味着人类最高寿命的增加。事实上，最高寿命似乎并未变化，尽管达到最高寿命的人数大大增加。到目前为止，我们记录在册的人类的最高寿命是 125 岁——虽然有很多达到更高寿命的人并未记录下来。

衰老这一生物现象是时间流逝最为残酷的表现，对于哺乳动物来说尤其如此。在那些最为明显和熟悉的症状背后，科学日渐精准地确认了定义和伴随衰老的各种特征：有各种形式的衰退，比如生殖力降低、学习能力减弱、肌肉萎缩、骨钙质和蛋白质合成减少、双眼对焦变弱、应答速度减慢、体温调节能力弱化、免疫力和 DNA 的修复能力降低；还有预期之外的增长，比如蛋白质交联增长、自由基生产上升、氧化损伤增加、血管和动脉的硬化增多；另外，还要加上附加的疾病和不可抑制的衰退，比如自身免疫变化、癌症、白内障、糖尿病、高血压、肾功能衰退、动脉硬化、阿尔兹海默症、帕金森氏病等。有无数的主题有待探讨！

尽管我们无可奈何地被迫接受衰老，但总有人为了永葆青春而不断尝试，甚至有些尝试近乎病态。相对于时间的流逝来说，衰老并不是唯一的生物可能性。一些物种直到接近死亡时才会呈现出衰老的症状：太平洋三文鱼或澳洲袋鼠在交配前都能保持完美的身体状态；交配没几周之后，雄性就会迅速衰老并死亡。其他物种，比如松树、贻贝和一些鱼类都不会衰老，而总是因为外因而死亡。那么，我们人类是否也能达到这种境界呢？

科学家们从研究死亡概率如何随着年龄增长而增加这一问题着手，来比较不同物种的衰老过程。对于人类来说，从 30 岁开始，死亡率每 8 年翻一番。那么，对于衰老过程的近似描述可以是第一阶段死亡率增长为零，因为只要有生长就不可能有衰老，然后从一定的年龄开始，死亡率每一段时间就翻番，这是物种的典型特征。

衰老的产生涉及分子、细胞、组织和器官各个层面，并且对它们有着不同的作用。显而易见的是衰老并不是由单个原因引起的，而是多种原因共同造成的，其中研究最多的要数基因、酶、细胞氧化过程、荷尔蒙的变化和免疫系统的衰退这一系列原因。

▶ ▷ 死亡与基因

约在 1950 年年末，衰老与基因相关联的理论开始盛行，科学家们认为就好像存在一个程序，在个体成长到一定年龄且完成繁殖任务之后，立即将个体删除。然而，这一指向死亡的基因程序并不是普遍适用的，因为很多微生物只会因一些意外原因而死亡，如细菌、变形虫和一些像水螅那样的多细胞生物，它们可以无限分裂而不灭亡，从这个意义上来说，它们实际上可以被当作是永生的。然而，绝大多数的多细胞生物终究会衰老并死亡。

有理论认为生理能量分别作用于繁殖与身体维护。例如多细胞生物的繁殖需要投入更多的努力，那么它们用于身体维护方面的能量就相对减少。如此，也许衰老就体现了进化优势。假设有一个群体由不会衰老的个体所组成，个体只因意外原因死亡，或是被其他物种吞灭。设想一下，这些个体中的某几个产生了变异，使它们在身体维护方面投入更少的能量，并且在繁殖方面投入更多，这种变异以该物种在达到平均年龄时的衰老和死亡为代价，就如我们之前提及的一样，该物种的意外死亡会导致其具有有限的寿命。如此，这些把更多的能量投入到繁殖上的个体就会有更多的后代，它们的基因在一段时间之后，就会取得统治地位，群体的大部分就会开始衰老与死亡。

如此，多细胞生物的 DNA 为衰老而设定了相应的程序是值得欢欣鼓舞的；这一程序并未直接地引发个体的死亡，也不至于忽视个体维护，例如机体本可以更少量地生产 DNA 的纠错酶，或者随着个体的年龄增长，生产更少的氧化酶。以车辆为例，可以说我们并未设定一个在一定年份之后毁灭车辆的定时炸弹，或者更准确地说是缺乏抗氧化、抗裂口和缺乏对其他缺陷的防御而导致车辆的报废，对于人类来说，不存在一个基因专门制造人类死亡，而是缺乏对遗传和代谢问题的防御造成了人类的死亡。个体在最佳繁殖年龄之后的死亡与进化是相符的，因为进化会选择那些在个体性成熟之前不会致死的基因。相反，那些在性成熟之后的阶段起作用的基因并没有敌对的进化压力，如果能够在繁殖阶段带来益处，那么这些基因就更无这种压力。在不久之前，绝大多数的人类仍未能活着度过这个阶段，因为绝大多数都英年早逝了，因此，更多的人能达到老年阶段这一新的现状为我们打开了未知的生物学视角。

对于细胞衰老的研究起始于细胞体外培养的工作，这些研究一开始似乎证实了细胞在体外能够无限繁殖。这一错误认识被海弗列克辟谣，他培养了从不同组织中提取的细胞，研究它们的复制过程，证实了一个细胞的复制次数是有限的，这一极限因物种而异，人类细胞的复制极限约为 50 次或 60 次，老鼠约 15 次，乌龟约 80 次。有一些物种，尽管生存时间较短，却拥有更多的基因复制次数：猫的细胞分裂可以达 90 次。因此，貌似细胞拥有一个生物钟，能限制个体的寿命。有所不同的是，生殖细胞和癌细胞大大超越海弗列克极限，是虚拟永生的。这一导致细胞衰老的因素可能使人类生命受限于 125 岁到 130 岁左右。一个导致衰老的病理学因素是在 1985 年被发现的：注入年轻细胞 RNA 的一个特殊分子，生产一种抑制 DNA 复制的蛋白质，从而使细胞衰老加快。

▶▷ 端 粒

在 1960 年年末，麦克林托克和缪勒观察到了在染色体两端的特殊部分，他们称为端粒，字面为末端之意，它们阻止染色体相互连接。不久之后，又确定了端粒的基因序列：TTAGGG 重复约 2000 次。这一序列并不编码任何蛋白质，但是起到决定性的作用，况且它们存在于如此多的生物体中，以至于科学家们认为端粒在

恐龙时代之前就广泛存在。1980 年年初，科学家证实每一次 DNA
的复制都会损失端粒片段，并且复制的次数极限即为端粒完全耗
尽为止。端粒长度在复制过程中变短的原因，在于复制 DNA 的聚
合酶不能复制基因链的末端。

　　然而在一些情况中，端粒因端粒酶的作用而能保持长度，这
是一种在端粒尾部修复损失部分的酶。经过端粒酶处置的细胞大
大超越了海弗列克极限。那些生殖细胞始终拥有端粒酶，而体细
胞一旦完成个体的塑形，细胞内的端粒酶就会消失，人就会开始
衰老。起初，科学家们认为避免衰老的方法应该是利用端粒酶来
进行治疗，但是这意味着很高的癌症风险，因为癌细胞的危险恰
恰在于它可以无限地、不受控制地被复制。

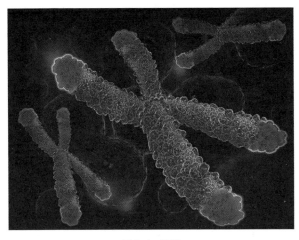

图 3.1　端粒

注：染色体末端在每次细胞复制中都会变短，这限制了细胞复制的
可能总数。

　　我们可以自问身体是如何向基因传达它已足够老迈：这是化学物质累积的结果，还是物质耗尽的结果呢？更准确地说应该是因为瑕疵的累积和这些瑕疵不断加强作用的结果，这些瑕疵并不仅仅包括 DNA 不可修复的变异，也包括基因激活错误、蛋白质生产错误或攻击 DNA 的活性基的累积出错。但是也存在一些基因，它们能够引起丧失了复制控制能力细胞的自杀。这些基因起到了防御肿瘤的作用，但当有些肿瘤超越防御能力以外之时，这些基因就无法阻止肿瘤细胞。细胞的自杀，或称为细胞凋亡，在胚胎发育的过程中起到了重要作用，比如，手指之间的分离应归功于在胚胎发育早期连接手指细胞的自杀；又如，在免疫系统中，一旦机体战胜感染，与之斗争而被生产出的淋巴细胞必须减少数量，以避免过剩的淋巴细胞攻击机体。

▶▷　氧化与自由基

　　在 1950 年左右，科学家们提出自由基是导致衰老的原因。自由基是拥有不成对电子的分子，比如有强氧化作用的过氧化氢（双氧水）：自由基不稳定且具有活性。不仅如此，自由基所攻击的分子可以变为自由基，如此接二连三，可以延长自由基的作用能力。不饱和脂肪就是极易形成自由基并且使细胞膜丧失流动性的典型分子。自由基可以修改 DNA，每天 1 万多次，但绝大多数是可修复的，自由基还可以氧化蛋白质并且增加大分子之间交联的数量。并不是所有自由基的危害程度都是相同的：羟基是十分危险的，其他比如一氧化氮，作为一些重要反应的中介，就是有益的。

　　自由基主要产生于线粒体中，线粒体是细胞完成呼吸并且利用一些分子氧化而得的能量，用以生产 ATP（三磷腺苷）的细胞器。当一些电子离开线粒体氧化链，并与其周围的氧气结合时，产生了很强的氧化性，可以攻击酶、蛋白质和线粒体 DNA，这些线粒体 DNA 没有受到组织细胞保护，也不具有修复酶。自由基的产生与代谢节奏相关；如果代谢节奏快，就会产生更多的自由基，衰老也就会更快。介于自由基作用于线粒体 DNA，线粒体会逐渐变得效率低下，并且生产越来越多的自由基，而自由基又将成倍地加速衰退。

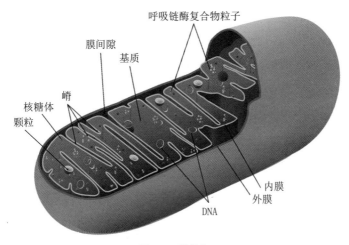

图 3.2　线粒体

注：线粒体是起到细胞发电站作用的小型细胞器，如果运作不完善，也会制造攻击细胞并造成细胞衰老的自由基。

一种抗击自由基的方式就是提供抗氧化物。比如在线粒体膜上有很多维生素 E，它是一种富含于柑橘属的有效抗氧化物。科学家们已经发现在苍蝇和蠕虫中，特别长寿的个体和正常衰老的个体之间的区别，恰恰在于前者拥有更活跃的抗氧化酶种类。一种相对有效的抗氧化物是褪黑素，由松果体在黑暗的环境中产生，它可以清除自由基。褪黑素可以增加鼠类寿命并延缓其衰老，而且假如昼夜节律为 24 小时，那么它的寿命将达到极限值。也许在随着年龄增长的过程中，褪黑素的减量生产会加速衰老。

1930 年，以苍蝇和老鼠为对象的实验指出减少卡路里的摄入能延长寿命。后来又有更多以不同的动物为对象的实验，证明了减少饮食可以延长寿命、延缓衰老。科学家们认为减少饮食可能有助于线粒体减少自由基的生产。以灵长目为对象的实验证明，控制卡路里的摄入并不改变生理退化自有的节奏，也不改变死亡率成倍增加的时间，而是能够延缓死亡率成指数增长的年龄节点的到来。

▶▷ 组织与器官的衰老

另一项关于衰老的理论将衰老归咎于整个身体，而不是组成身体的细胞。事实上，当身体死亡，许多身体细胞仍未达到海弗列克极限，比如，神经细胞不再繁殖，但并不是所有的细胞都达到海弗列克极限：假如机体的一部分遭受了很多损伤，那么就会老化得更快。比如动脉壁和血管硬化、骨骼更少吸收钙质并失去质量、眼晶体失去透明度……

　　值得一提的是衰老对细胞、组织和器官的作用各有不同。事实上，产生于旧组织的年轻细胞由于硬化或低效的连接，可能只具备有限的生命。这可以比作个体时间与社会时间：我们可以有一个由很多年轻个体组成的社会，但社会的组织形式仍是老旧的，或缺少创造性的想象力，抑或社会生存条件恶劣。即使绝大多数个体可能是年轻的，但社会可能是衰老的，社会的每个组成成员的个人全面发展的可能性就很小。

　　细胞因素之外，引起衰老的主要因素也许是高分子之间交联数的增加，尤其是胶原蛋白之间和弹性蛋白之间，这类似塑料和赛璐珞的老化，它们随着时间会变脆变硬。交联因自由基和葡萄糖的出现而增加，导致弹性的丧失，使皮肤、整个组织、心肌、睫状肌、肺部组织变硬并且长皱纹……

　　另一些导致衰老的因素在于一些器官或核心系统，比如脑垂体—甲状腺系统和免疫系统。甲状腺调节生长，而在生长期间若无疾病是不会出现衰老的。如果甲状腺活动异常，就会呈现出各种衰老特征，比如头发变白、皮肤长皱纹，这些都需要注射甲状腺素来改善。尽管如此，这一方法的效果也不太理想，况且甲状腺素与衰老的关系并不十分明确，因为绝大多数人虽然有足够的甲状腺素，但还是不断衰老。也许尽管有充足的甲状腺素，机体依然逐渐失去使用甲状腺素的能力，抑或是脑垂体从一定年龄开始生产一些物质，阻挠甲状腺素的吸收。

　　至于起到帮助身体抗击外来入侵的免疫系统，不仅随着年龄的递增而降低效率，而且还会增加自体免疫反作用，即对自体的攻击。正因为淋巴内的抗原对细胞的识别具有随机性，它们始终会将自己的身体混淆为外敌；在正常情况下，机体会防御并清除抗原，但是这种自我防护会随着年龄增加而下降。免疫系统不断叠加的错误可能引起动脉硬化、高血压、关节或动脉发炎等。

　　衰老对大脑也有影响。随着年龄的增长，大脑敏捷度下降，记忆力变弱：从25岁时起每天会有约1万个神经元死亡，从40岁开始，每天约有10万个，而这些死去的神经元中的许多仍会留在大脑内。这一破坏会因神经元之间新的连接或突触的形成得到部分补偿。大脑衰老的很大一部分并不是由神经元直接导致的，而是因为小的血管意外。一些针对大脑衰老的研究集中于记忆丧失等方面。在过去很多年，科学家们都认为记忆力的丧失是阿尔兹海默症的征兆，但是在2013年5月，科学家们在大脑主要负责记忆的海马体的特定区域发现了一种基因，这种基因的工作异常会加速记忆的丧失，但是这一影响在今后也许可以通过特殊药物治疗和食疗来得到缓解。

　　男性和女性预期寿命的差异是显著而有规律的，在发达国家女性的预期寿命一般比男性多6年到7年。这一显著差异并不是始终都能显现出来的。几个世纪以来，因为分娩条件恶劣，女性的平均寿命比男性短得多，也可能正因如此，所以女性的预期寿命比男性增长得更多。事实上，男孩的死亡率始终比女孩高。尽管男孩比女孩的出生率高5%，但是25岁的女孩已经比同年龄的男孩多；从85岁开始，女性人数是男性的2倍。这个现象存在什么生物学逻辑吗？也许有：女性荷尔蒙调节胆固醇水平，并减少心血管疾病；女性的新陈代谢节奏比男性慢 10%，这意味着产生更少的自由基。另外，女性的月经意味着更快的血液更新节奏，这应该也能起到一定的作用。还有，男孩一般有更多的高风险行为，这也造成了男孩比女孩更高的死亡率。

▶▷ 再生医学与干细胞

对抗衰老具体作用的一个方法就是所谓的再生医学，这在于使因年龄、疾病或创伤导致的无法正常运作的器官或组织再生。从时间的角度来看，就好像是人们要逆时而行，修复先前受损的东西，就如艺术修复那样，不仅重新还原它之前的面貌，还赋予它生物活力与潜能。这在医学界早有先例，例如那些用来替代机体耗费了的元件的假器，比如用来针对白内障，取代阻碍视力的老化晶状体的人造镜片；用来优化听力的助听器；用来恢复正常心跳节奏的心律调节器；人造膝盖、人造盆骨或人造椎骨；在大脑基底核内植入电极，它的电刺激能帮助减少帕金森氏病引起的颤抖及僵硬……另一个策略是器官移植，比如移植肾脏、肝和心脏。这些方法都延长了生命，并且帮助了很多人极大地提高了生活质量。但是再生医学并不想在原地止步，它希望拓展更多的可能性。

由于找到足以匹配需求量的器官捐献人是十分困难的，所以一个可能性就是提高人工器官的可取性及适用性。这需要发展与人类组织更匹配的新材料，或制造人造心脏、人造血或人造视网膜等。特别值得一提的是近年来对于仿生机器人的研究成果，开发了听命于大脑指令的人造手臂或人造脚。这需要人造肢体与大脑皮层运动区恰当连接，但是仅此还不够，它还需要与大脑调节运动细微细节的部分的连接，比如小脑和基底核，目前来说是不可能的。因此，调节部分的工作就只能交给机器人，比如调节人造手臂将一杯水送到四肢瘫痪的残疾人手中的速度以及力度。

　　生物医学中更偏向生物学方面且更为基础的对抗衰老的方法，是使用干细胞来复原破损的或受伤的组织，这些组织因衰老或一些疾病发生了病理改变；或者在未来，使用干细胞来再生器官或器官的一部分。干细胞保留了分裂与分化潜力，并能够产生机体的所有细胞种类。其中有全能干细胞，它能发展成机体的任意细胞，也有万能干细胞，可以发展成很多种细胞。受精卵和它之后在发育第一阶段相继分裂的细胞都是全能干细胞。随着发育，细胞逐渐失去分化能力，并且逐渐专职变成一种特定种类的细胞。从分子层面简要来讲，是因为一系列的基因"开关"逐渐关闭通向基因信息具体某部分的通道，这些信息与细胞要发展而成的特定种类不相关。随着发育的进行，越多的"开关"被激活，可获取的细胞信息就越少，因此在完全专业化阶段，细胞分化而产生唯一一种细胞，或者在完全专业化之前阶段中，细胞会分化成几种不同种类的细胞。

　　自然而然，在早期的胚胎内有很多全能干细胞，因为在这个阶段机体还在形成并且需要发展多种组织。人们可以保存自体干细胞来预防免疫排斥，这样的干细胞可以从脐带中提取，并用合适的方法将细胞发展成所需要的种类，比如海马体神经元、胰腺细胞、上皮细胞或骨细胞等。由于这些干细胞可以发展成多种细胞，所以需要控制细胞发展成所需要的种类；同时也需要控制繁殖节奏，在开始时应维持较快的节奏以提供足量的细胞，而之后又将节奏调节至正常组织的复制节奏，以防止肿瘤或癌症的发生；而且在一些情况下，还需要使这些子细胞形成生物组织所需要的结构，为此也许需要提供人造架构，如脚手架一般指引这些新细胞并将它们引导到合适位置的装置，这些就足以形成一个真正的生物组织工程了。

最复杂的要数器官工程，因为器官是由多种细胞排列而成的复杂结构。科学家们的一个长远目标就是能够再生整条被切除了的手臂或腿，就好像一些相对简单生物的自发行为一样，但这项能力却并没有被赋予复杂生物，比如鸟类或者哺乳类。科学家想要了解机体在控制发育时，什么分子限制了器官的再生。无论它的实际结果如何，这项工作从认知的角度来看都是令人激动万分的，假如能够攻克这样的再生，那么又是另一番美丽景象。

在干细胞获取中一项杰出的成果是由山中伸弥（2012 年获诺贝尔生理学或医学奖）在 2006 年获得的诱导性干细胞，科学家们正积极地探索这种细胞的运用。这项技术原则上允许从机体提取任意细胞，通过 4 种或 5 种合适基因的作用，使关闭通向产生任意细胞所需的基因信息的所有通道的基因“开关”全部重新打开。最开始的一些尝试差强人意，因为使用植入相关基因的方法，在难以控制其分裂节奏的情况下，获得的干细胞很容易发展成肿瘤。

另外，成功获取干细胞的概率很低。这些难题最终慢慢地被攻克了。这打开了一个无与伦比的视角，因为从时间的角度来看，这种方法以一定的方式使一个专门的、有限的细胞，逆着时间的洪流恢复到最起初的状态，使之可以产生与原机体相同的机体，或者该机体的所有细胞。

4.时间心理学：急躁、焦虑、回忆

绝大多数生物的生物钟都能自动运行，然而我们却几乎意识不到。但关于时间最有意思的一个现象是我们对它的感知，从对往事的追忆到对欲望的追求，它对我们影响深远。这一感知具有自然因素和文化因素。自然因素包括衰老设置的限制，对有趣及美好的时光一去不复返的意识，机敏、美丽、权力、魅力或智慧随时光流逝，心爱之人的逝去等。面对这些体验、面对重要的纪念日、面对退休、面对绝经，我们通常会有各种不同的反应：危机、痛苦、反抗、顺从、接受、镇静等。

时间的文化因素也是我们熟知的：对跑步与前进的憧憬，对休憩与偶尔的消极度日的期待；短期享乐与占有的欲望，树立长期计划的抱负；保存历史遗产的意愿，或是摒弃它而从头开始的渴望；拥有稳定工作的笃定，失业而不知何处谋生的痛苦；待完成工作的堆积，空虚度日的忧伤；直觉带来的意料之外的捷径，符合理性的荆棘之路；认为死亡即是终点的信念，认为死亡是通向上帝之神秘或是通向永生之过渡。近来文化更重视运动、忙碌、危机、短时、新事物和对死亡的遗忘，而更少地使用更全面的时间视角来看待生命，这里所说的全面的时间视角不仅指今日，也包括昨日和明日；不仅包含自身，也包含他人；不仅只是收获，也是不懈的努力。

▶▷　空间与时间

诗人 T.S. 艾略特曾写道："某一天我们将摆脱空间之束缚，不再为同乡，然面对时间，我们依旧将成同乡。"我们目前的处境是：通信与交通飞速发展，世界各个角落的信息都向我们汇聚，我们越来越将世界视为一个整体，这种观点因为人造卫星拍摄的图片、世界性的流行趋势和世界性的生态、经济及人口问题而得到强化，总的来说，世界变成了一个更脆弱易碎的总体；但是我们越来越难以想象其他时代的生活，越来越难以用其他时代的角度来思考，也越来越难以更冷静、更深刻地思考我们有何所求以及我们所求为何。

空间在整个星球和宇宙中膨胀，也在大脑褶皱或基因组中集聚，而时间却在如今快速激烈的节奏中收缩。科学技术的时间是发展的、加速的、不断征服的时间；历史被遗忘，唯有当下与即刻的未来才有意义；经验被贬值，因为资源与工具总在推陈出新。人文学科的时间却有所不同：在这个时间概念中，历史并不被遗忘，而是被当作今日之师和前车之鉴；对重大问题的长计远虑比似昙花一现般的随性回答更为重要；进步并不具有绝对价值，而是一场永恒的对话；死亡是地平线，激励我们组织生活，并赋予生命以厚度。政治时间趋向于短期，以选期为衡量标准，将无法立刻兑换选票的远期举措丢掷一边，这不能只责难政治家们，也应归咎于选举人的需求和局限；另外，那些重大的深层改革承诺和崭新的前景经常导致巨大的悲剧和苦痛，引起人们广泛的质疑。

要在短期、长期与各种因素的斗争中选择行为、发言、申诉和批准的合适时机是多么困难！

▶▷　心理时间的相对性

我们通过经验可以获知主观时间是具有相对性的。事实上，很多人都被爱因斯坦的相对论所吸引，因为他们将这个理论与已被证实了的个人对时间的理解的相对性混淆了：以此，他们认为在爱因斯坦的理论中找到了一些真实的、似曾相识的东西，即使爱因斯坦的相对论是客观的，并且与对时间的主观理解毫不相关。

当我们正经历痛苦或不甚愉悦的情况时，当我们处于单调无聊的境地时，当我们焦虑地等待重要事件和不确定的结果时，时间对于我们来说延长了；相反，当我们沉浸于很有趣味或很令人愉悦的活动时，时间对于我们来说就缩短了。因此，主观时间对于患者和医生、学生和老师、短工和管理者来说是很不同的，对于每个组合中的前者来说时间更长久、更无聊、更痛苦，而对于后者来说则更为迅速。

知道如何经营自己的时间是智慧的基本要素，有助于个人的心理平衡与身体健康，比如，遏制急躁；适度评估短期与长期的价值；意识到将我们包围的焦虑与无聊；承认回忆与经验的宝贵，尽可能地充分利用它们所给予的；尝试战胜或降低创伤带来的负担等。面对匆忙、紧急事件、待处理事件的累积所带来的压力，我们应该学会寻找一种平静与安宁，能让我们对于各种活动都有正确的价值判断，让我们懂得暂时集中注意力于有效的当下，而不用背负焦虑或悔恨的重担，沉浸于静谧、自由的放松状态中。

时间的经营对社会十分重要：排在等待名单中病患的焦虑，技术的更新节奏，工业的生产节奏，消费者对于购买新产品或被宣传得十分诱人的产品的贪婪，体育纪录的重大里程碑等。时间心理学和心理时间的病症与紊乱，是十分丰富且值得探索的领域。但这里我们仅仅探讨一些对于时间心理学的具体探索和这些探索的生物学基础：对时间的感知、对回忆的时间回溯、儿童时间观念的发育、梦境的时间性等。

▶▷　时长的感知

对于时间感知的心理学研究起始于 19 世纪中期，主要为了比较对时间间隔的主观感知。这些研究越来越多，科学家们研究了年龄、性别、毒品、性格、疾病、注意力和其他因素对人类感知时间的影响，并且还将实验对象扩展到了多种动物。

一些典型的实验是训练不同年龄段的小组成员集中注意力观察时钟，在一定时间——比如 3 分钟——之后，去掉时钟，让他们在一个信号之后指出 3 分钟是多久。在实验中，由 20—25 岁的青年组成的小组平均在 3 分 3 秒之后指出时间间隔的截止，这表明受过良好训练的年轻人对于短时间间隔的测算通常是相当切实的；由 45—50 岁的人群组成的小组在 3 分 16 秒；由 60—65 岁的人群组成的小组在 3 分 40 秒。自然而然，更高龄人群组成的小组在认为只度过 3 分钟的时候，实际度过了将近 4 分钟，他们还感到时间过得更快。这是很多因素的综合作用，但其中之一是因为时间节奏取决于多巴胺的浓度，多巴胺随着年龄的增长而减少，并且使节奏的测算更为缓慢。

另一些实验以动物为实验对象：比如在打开灯或者响铃之后，每 3 分钟给它们一次奖励，重复几次实验来研究它们在信号和奖励之间的时间段的反应。科学家们观察到在 2 分半钟的安静之后，动物开始表现出热切的期盼，它们在奖励没有如期而至的时间间隔仍然会保持如此反应几次。奇怪的是，安静等待和热切等待的时间比例几乎与刺激和奖励之间的间隔时长没有关联。

实际时长与等待时间、期待时间并不完全相同。期待凸显了时长，也许是因为对积极预期的结果迫不及待，在这种情况下，假如对于事情的完成有充足把握，那么这种等待与预见是一种极其愉悦的体验；当然也可能因为对结果的不确定而引起不安，在这种情况下，不确定性越高，积极或消极的结果带来的影响越大，等待带来的不安也就越强烈。因此，我们提到的第二个实验，也就是以动物为对象的实验，与第一个和人类相关的实验在要素方面有所不同，但是第二个实验聚焦于单纯的时长。

一个大众都涉及的时间体验是在体育领域。比如，一场固定时长的足球比赛在赢家和输家的队员和球迷身上会激起不同的时间体验。赢家总希望剩下的时间飞速前进，以确保他们最终胜利。相反，输的一方却希望时间能变慢，来换取反败为胜的机会，除非在输家毫无斗志并认为败势已成定局的情况下，他们也会希望早些结束这样的垂死挣扎，可以尽快遗忘并且休息。真实处境和期待都作用于时间感知。

前面提到的两种实验都属于前瞻性实验，也就是说，研究的是在一定信号之后的发生时间。另一些实验是后顾性实验：比如在未标记事件发生之后过了多少时间，比如从一盏灯闪烁的那一刻算起。对于时长前瞻性与后顾性的评价是迥然不同的。

▶▷ **解释性模型和生理观察**

为了用解释性的纲要将观察结果系统化，科学家们已经提出了多种模型。其中一个模型涉及体内时钟、记忆存储器和一个比较因素。只存在一个节奏但却受各种因素所影响的体内时钟，这一老生常谈的问题，我们已经在介绍近日节律的那部分提到过。随着对大脑研究的深入，科学家发现不仅存在日夜节律生物钟，还存在以分秒为尺度来探测时间流逝的大脑时钟，它们可能的运行机制与位置已经更为明确。一个模型认为上丘脑神经细胞组接收大脑的所有临时信号，并协调同时产生、指向特殊事件的信号。这一神经细胞组也调节对时间间隔的评判，并受多巴胺浓度的影响，多巴胺浓度越高，生物钟就走得越快；同时也受到其他物质的影响，比如可卡因和安非他明使生物钟加快，大麻使生物钟变慢；此外，还会受到体温的影响，低温会使生物钟加快，而发烧则会使生物钟变慢。

判断短时间间隔的能力对于学习和生存来说很重要。这项功能由中脑的多棘神经元完成，它们之间紧密相连，探测整个大脑细胞的振荡与节奏。当大脑觉察到新的或独特的事物时，就会向多棘神经元发送多巴胺，它们在接收到刺激后就会开始接收时间信号。如此，大脑便学会了如何提前应对各种事件。而对时间有意识的感知除了依赖中脑以外，还依赖脑前额叶，所以个体不存在一个单一的生物钟，而是多种生物钟的组合。

在以老鼠为对象的实验中，老鼠要学会在规律的时间间隔按横杆以获得奖励。当它们被摘除生产多巴胺的细胞时，它们就会丧失调节时间的能力。同样也观察到，注射可卡因会加快它们的应答速度，而注射大麻会延迟它们的反应速度，因此在注射可卡因之后，它们感知到的时间变快，在注射大麻之后时间则变慢。另一种提速因素是肾上腺素，它在面对危险的情况下会分泌；在这种情况下，时间像是膨胀了，我们可以观察到许多在正常条件下来不及去留意的细节。在另一些实验中，志愿者从塔顶自由落体至临近地面的护网上，证实了他们在自由落体的过程中识别高频刺激的能力提高，而这在正常条件下可能无法被感知到。

然而，体内生物钟模型却无法解释为什么当我们集中注意力参与某项活动时，时间对我们来说好像变短了。为了解决这个疑惑，一些心理学家认为对时间的丈量大大依赖于外界现象的节奏，所以个体接收到外界越多的变化，时间对他来说就过得越快。在一段无聊空虚的时间段，我们会留意很多环境中次要的细节，我们就会有时间特别漫长的印象，这与我们全神贯注于有趣的活动时截然相反。在前面提到过的机械化的模型中，注意力的效果并不体现在体内生物钟的节奏上，而是体现在信息的储存上。内在关注使对时间感知有影响的外界数据并不记录在案，因此时间像是过得更快。

▶▷　感知与记忆的时间性

我们之前谈论的机制描述的是前瞻性的时间评价，而不是后顾性的、与记忆相关的。关于记忆中的时间已经进行了许多实验，比如回忆的时间排序，用的方法有回忆比较一张列表中两个词的朗读先后顺序。通常情况下，短时间段的回忆总比长时间段的更容易被记住，比如我们更容易想起一件事发生的时间点，而更难记住的是在一周的哪天发生的。同样，记住与同一种事物的相关词之间的顺序关系会比记住差异很大的物品的相关词更容易，这也许是因为听到一种事物可以唤起对相似物品或相似事件的回忆，这使我们能更好地整理它们之间的关系。也许我们是在基底前脑中将回忆与时间性关联起来：大脑这块区域的损伤使大脑无法对发生事件进行时间定位，还会使人在获取新的回忆时无法摆正它的顺序。在健忘症的病例中可以明显发现多种体内时间的计时方式：一些病症使患者失去小时或月份层面的计时能力，但是并不妨碍他们有相对准确的分钟计时判断，也不会破坏患者的近日节律。

1970 年，人们发现了一项关于意识对时间的感知很有意思的现象，即我们的自愿行为先于我们对它的意识，比如移动手臂。这一意识会延迟近 1/3 秒后才形成。神经生物学家已经破解出这一延迟的产生原因，它是引起意识的神经现象起始和我们意识到的那一刻之间的延迟，也就是保证身体变化传输到中枢神经系统，在中枢神经系统中产生一个神经元模型，并将这个模型和自身的图像相关联，使这一事件融入意识，所有这一系列过程所需要的时间。

对儿童时间意识的发展的研究，从 20 世纪中期皮亚热的研究开始就一直是心理学的经典主题。儿童似乎在出生后 4 个月到 5 个月之内就足以辨识不同的、较为清晰的节奏，然后再慢慢学会观察最频繁的家庭活动的次序。大约在 2 周岁半，儿童就能掌握动词时态，这证明了他们已经能区分过去、现在与将来，而这巩固了他们的时间意识；相反，他们获得对更长时间间隔的意识则相对慢一些，比如一周的每一天，四季和月份；他们需要更长时间来把时间作为一个整体，所有事件都可以在整体中找到时间定位并且互相比较。孩童对重复的喜好引人注意；对他们讲故事时，他们很少接受对情节、人物或者动作细节的改变。重复构筑安全，巩固了行为、身份和世界运作模式，可以更好地组合他们好奇心的成果，以此他们慢慢发展了对重复的崇拜。

▶▷ 时间与大脑

时间与大脑的关系十分之丰富，并不仅仅体现在记忆、回忆和评判时间间隔的能力上，还体现在我们对时间有限的感知能力上，即存在一个最短时间，短于这个时间我们就无法感到时间的流逝。间隔少于 2 毫秒的间断刺激，对我们来说几乎是同步的。任何短于这个时长的事件，对于我们都是缺乏时间结构的。假若两个声音之间的间隔长于 2 毫秒，我们就可以听出区别，但是只有当两个声音分开约 20 毫秒时，我们才能分辨我们接收声音的顺序。这一结果与我们每秒能识别 26 张图片相吻合，这也是电影或电视图片的播放速度。我们有意识地对刺激做出反应则需要更长时间。因此，我们对时间的感知的结构是等级制的，与感知、时间顺序和有意识的反应相关。神经化学家鲁道夫·利纳斯观察到每 12 毫秒，大脑皮层就会被脑波清扫一次，脑波将不同的部分组合在一起，比如视觉、听觉和嗅觉皮层等，并且打开意识的大门。也许这个过程提供了一段时间的意识，因此我们看待世界就如同一场电影：按时间排列的一系列片段。

在探讨时间与大脑的关系的其他方面时，对记忆能力如何随着进化而发展的思考，从一个只有刺激—回应的自动机制的小型"器械"储存库，发展到对生命整体的评价系统，是大脑进化最令人着迷的一面。但是大脑与未来的关系也同样令人着迷，它体现在大脑制定长远的、复杂的行动规则的能力，设定长远目标的能力和设想多样的未来以组织、引导生命和赋予生命意义的能力上。这些功能都在人脑的前额叶皮质呈现，这也许是人脑能力发展得最精细的区域，这些能力包括做决定和自我认知等。我们的未来意识令人惊异：尽管物理学确证了未来的存在，预知未来的能力也一直是科学研究的大目标之一，但是从神经内科的角度来看，对未来这一概念的理解事实上是非常微妙而复杂的。

5. 时间的富饶与灾难

假如试着研究更广义范畴上的生命，即假如想要研究生命的起源或者其他星球是否存在生命的可能性，那么我们就需要尽可能宽泛地来定义生命，而并不仅仅只限于我们所知的生命。从这个角度看，生命的定义不仅仅基于具体物质，更基于其过程，在这个生命过程中，时间与物质同等重要：加工物质与能量的化学反应——新陈代谢；在环境的变化中保持一定稳定性的能力——自生系统；以及携带信息传递的繁殖的能力——遗传——但却不完全忠实于原版，而是携带一些细微变化以保证进化的产生。因此，时间是生命本身不可分割的一个方面。

尽管我们对生物时间的延展和复杂性并无意识，但生物时间是我们感触最深刻的，它向我们呈现出三个侧面：调节性、创造性与毁灭性。当对于时间的感知达到意识层面时，它就需要新的维度和区分：记忆被扩张，长远计划显现，对有限性的认识。生命赋予我们实现自己、塑造自我、用新的作品和经历丰盈自身的机会，但是同时生命又在不停地流逝，一去而不复返。

▶▷　时间、意识与行动

　　时间的流淌远比意识与生命更悠久。根据现在的宇宙学理论，从大爆炸起至少要约 60 亿年的时间才足以让宇宙开始孕育最基本的细胞生命，这我们将会在第 9 章论述。时间与生命的关系之一就是时间的延展先于生命存在的可能性。

　　生命与意识的起源需要不同节奏的同步，因此生命体最小的生命节奏必须是以承载构成该生命过程的各个重要节奏。我们已特别指出意识的 12 毫秒，这基本时间量的存在，被用来保证大脑不同的运作过程的总体性。这一时间量曾让柏格森和胡塞尔感到欣慰，对他们来说我们所经历的现在并不是瞬时性的，而是无限长的延续，足以让我们感知并对变化产生意识：虽然物理学认可现在可能拥有一定的时间量（普朗克的极短时间），但物理学坚持现在是近乎瞬间性的纯粹事件，神经生物学证实了这一观点，就如柏格森所述："假如我们将现在理解为过去与未来不可分割的界限，没有任何东西比现在这一刻更小……在一秒不到的时间之内，在人们对光的极短感知中，光已发生了亿兆次的振动，其中第一次和最后一次的振动被巨大的间隔分离。我们无论多么短暂的感知都是由无穷的记忆要素构成的。所有感知即成回忆。在现实中，我们只感知到过去，因为现在只是过去侵蚀未来这一不可理解的过程。"

　　体内节奏为我们的行动能力设置极限。一个简单例子就是跑步速度与跑步时感到的疲劳。假如我们跑得比我们直接可用的、以有氧代谢为主的新陈代谢资源所允许的更快，身体就必须无氧消耗它的储备，这就会引起疲劳与衰弱。由于运动和跑步的能量限制的存在，管理好节奏是最基本的跑步策略。同理，有时候经济时间的加快则意味着进入过度的赤字和不可持续的负债，因此加大现在的强度也许意味着后代需要付出昂贵的代价。甚至留给后代一个生态耗尽的星球，只剩下少许原材料和能量资源。就地球目前的处境来看，时间因素为我们这一代和我们的后代建立了一个史无前例的重大责任联系。

我们也强调过一些集体行为同步的重要性，无论是一个细胞的不同新陈代谢作用、细胞构筑多细胞生物、大脑不同区域的活动，还是在集体中的个人。从社会角度来看，在一些时代人们怀着共同的理想，携手并肩，一同创造了相当可观的社会收益。传统、理想、价值在不同时代的传递体现了社会时间的高贵，但也存在颇多问题，这一传递因政治与科技的日新月异而变得困难重重。鉴于节奏的多样性和它们相互作用的复杂性，思考产生同步、同感和创意合作的机制是一项开放式的任务。一些任务也许被权力煽动或强制执行；另一些任务则可能以当时企业、社团或银行的形式由社会基层产生。

社会时间的另一方面体现在社会生物钟上，它以一些典型的年龄为特征，比如何时入学与毕业、何时成婚与生子、何时入职与退休等。这些典型年龄中，有一些是被精准规范的，比如入学年龄和退休年龄，而另一些，比如成婚年龄和生育年龄则取决于个人的具体情况。预期寿命的增加造成社会生物钟一些方面的延迟，尤其是关于生育与退休年龄。关于社会生物钟，有一些具体的但是始终饱含争议的主题，如义务学习的最高年龄、一天的学时、父母对孩子的投入时间、夫妻双方各自投入家务的时间、最低成婚年龄等。

▶▷ 进化、文化、进步

关于时间创造性更宏观的观念，即宇宙具有探索新的生命形式的自主能力，对文化有很大的影响。19 世纪末，对于进步的信念使人们将生物进化视为进步的自然盟友，并将生物进化视为上升的时间之箭，从无生命物质到原始细胞，从原始细胞发展到人类，并且也许还不止步于人类。这不应让我们怀着同情来看待老旧的林奈氏分类法或是中世纪的那些生命之树，它们都不是以时间、而是以"本位完美"或复杂性为指导线索的。根据一定的环境与作用，理解一个结构在哪些方面优于另一个结构，这是独立于时间的问题，并且这个问题与了解形成该结构花费的时间跨度一样重要。事实上，把时间作为唯一指导线索可能会导致人们被动认为后继者优于或者更"完美"于前者，而事实并不总是如此。

诚然，进化是否类似于进步是一个值得辩论的主题。在生物进化中确实存在复杂性增加的趋势，以及探索新环境或独立于环境的能力的上升趋势。进化呈现出"进步"趋势和一系列的上升现象，从原核细胞到真核细胞，从单细胞生物到多细胞生物；从无神经元生物发展为拥有互不联系的神经元的生物，到其他一些拥有相互联系、相互协调的神经元的生物，再发展为有大脑的个体和大脑向功能更多元化、更精细化和更抽象化发展。尽管如此，我们同样感知到进化时间的流淌所带来的分岔、退步、夭折和混乱，这尤其体现在生物群体的灭绝上。

达尔文机制的大致思想对文化造成了巨大的反响。从经济与社会的角度看，19世纪后半期的自由主义思想在达尔文理论中得到了确证：这种主义认为应该停止纸上谈兵，让个人、企业和国家之间互相斗争，从而找到更能适应市场与权力的个人、企业和国家。从宗教的角度看，宗教最初是抵制达尔文主义的，尤其反对将进化作为真实世界的完整解读，反对抹除上帝造人之功绩。之后，进化被解读成神创的自然方式，这种上帝的创造力量不仅限于短暂的初期，还通过化学物理法则持续作用于这个世界。

事实上，早在4世纪时，圣奥古斯丁就已经根据《创世记》生动解释过神创："因为上帝并不是一下子就创造了大自然，所以生物的制造起初是根据它的因果而完成的，上帝在将土地与水从虚无中分离出时，给予土地和水在指定的时期生产所有生活于其中的生物的权力。"泰亚尔·德·夏尔丹于1960年出版的著作引起了很大的反响，他在书中热情洋溢地描述物质的进化力量就如上帝神力的深层表现，从基本物质到智力生物，或者具有认知能力的个体的集合，汇聚而成了普遍的、至关重要的大一统。

从哲学的角度来看，进化也起着重要的作用，但与宗教角度的认识有着细微的差别：斯宾塞接受进化论，将它解释为已存在的潜力的展开，而柏格森在《创造进化论》中提出进化是绝对的新事物的持续性加工生产。从艺术创造的过程来看，我们可以想象艺术家的心灵收获了一些想法的各种变化和变异，于其中艺术家们选择最贴近其创作意图的：换句话说，将随机性、个人选择和严苛的态度相混合，而其中的随机性则被超现实主义者视为自动写作的过程而备受尊崇。

▶ ▷　时间的灾难

时间的生命力的具体表现难以让我们忘却衰老与死亡带来的灾难。我们已经发现，以生物逻辑来看，死亡虽然对于个体来说并非有益，但对于物种而言是不无裨益的。这与将死亡视为神圣的惩罚的想法相冲突，但无论是惩罚还是特权，都基于我们知道自己最终将会死去这一认知；以某种意义而言，知识的成果恰恰意味着我们对死亡的认知。生命的创造性特征基于随机的变异和自然选择，也包含了可能导致个体死亡的活力：以癌症为例，某种变异或者逐渐形成的混乱引起了细胞不可抑制的繁殖，并造成生物的死亡，但是这个过程却体现出了生命力无比自我的爆发，它是不可控制的，而且是迅速扩张的。

预期寿命的延长和随之而来的人口增长是医学发展的成果，同时也成为社会问题：就业市场、住房、交通、社会保险和医药都要受到人口年龄金字塔戏剧性的改变而带来的影响。保证年轻人群的健康，需要有效控制传染病、寄生虫病、交通意外和工作事故；而保证老年人群的健康，则需要有效控制老年病和癌症：这些都需要考虑各样的需求和不同的生存条件。人们对于寻找延缓衰老的方法有着极大的兴趣：使用端粒酶、使用抗氧化物对抗自由基、植入可以减缓大脑衰退的某些症状的神经元和干细胞等。如果不算上严格意义上的医学方面的基础调查，用来保持完美外貌的化妆品产业每年推动了几十亿欧元的流动，整容外科和一些特定的食品产业也毫不逊色：这催生了与时间抗争的努力所带来的经济效益方面的考量。

干细胞的开发和克隆技术的发展，获得可以解决目前技术无法修复的身体残缺的自体细胞的可能性，使得与衰老做抗争的努力有了新的前景。尽管所有这些治疗都会产生与想要的效果相左的风险，比如促成肿瘤的形成。遗憾的是，目前人类寿命仍局限于 125 岁到 130 岁。

安乐死的可能性一直备受争议，安乐死意味着随着身体或心灵的退化以及痛苦强度的增加，死亡比生存更得其所愿，那么经患者同意就可以结束其生命。这一关于生命终点的争议，正如关于生命起点的涉及胚胎或干细胞研究的争议，一直是生物时间问题的焦点，受到宗教或非宗教信仰、传统和对于滥用科学引起风险的担忧的影响。签署所谓的生命遗嘱已经越来越普遍，在遗嘱中表明自己面对死亡时的意愿，并在面临死亡且无法表达时，产生效力。

我们无法获得永生。尽管如此，克隆技术、基因工程技术和外科手术为身体修复提供了新的可能性，使我们不禁自问那些足够有钱支付相关程序和治疗的富人，他们是否可以一直保持较好的状态并且长久地生存。对于这些可能性的信念使一些人选择冷冻他们的身体，希望未来的医学足以解决将他们带向死亡边缘的疾病，从而重获新生。

▶▷ 生命与死亡

与其选择这些病态的尝试，也许更明智的是对死亡更深层性的思考，并且将死亡视为生命进程的一部分和我们生存的真实条件。面对衰老和死亡的心理反应与社会有很大关联：一个人在尽享天伦中寿终正寝，或者在世人遗弃下孤独终老；可以思考死亡，或者忽视死亡；可以坚信永生，或者坚信必死；可以通过药物干预延年益寿，或者拒绝治疗自然消亡……这些心理反应也会给社会带来十分可观的经济效应：一个倾尽全力延缓死亡的社会可能需要在这方面投入很多资源，因为需要更多针对老年病的研究设施、专业人员和昂贵医药。假如劳动人口足以支付这些费用的话，那么这些举措都是可行的。假如相反，这些费用并不在社会可承受范围之内，那么还不如教育民众，使他们能冷静地面对死亡和接受死亡，将死亡视为与生命一般自然，也许比顽固地尝试延长生命更为明智。

求助于宗教、诗学和哲学对于死亡和灵魂永生等一系列问题的思考大有裨益。我们来回想一下一些论证。卢克莱修说过："假如你已失去在你身后的无限过去，为什么要担忧在你身前的无限未来呢？"豪尔赫·路易斯·博尔赫斯曾写过："我们有很多渴望，其中之一就是对于生命的渴望，渴望生命永恒，也同时渴望其终止……我并不希望永生，甚至我害怕永生；对于我来说，得知生命之持续让我毛骨悚然，想到我还要继续成为博尔赫斯就让我头皮发麻。"对于阿尔贝·加缪而言，"假如片刻即是永恒，那么我们就不需要无休无止地经历无数个片刻，因此我们要将对于未来永生的焦虑转移到增加现时生命的厚度上"。维克托·雨果嘲讽道："永生的坏处就是我们需要死去才能得到它。"注重享乐的物质主义者认为死亡即是祥和之泉。基督教义认为上帝用爱创造世界，这种爱以某种未知、神秘的方式将我们救赎于永恒之中。

规则、混乱与起源：宇宙的时间

物理学以异常丰富的形式展现了时间。宇宙的年龄，虚粒子须臾的幻光，振荡器周期性的节奏和奇异吸引子的混沌演化，相对论中取决于观测者的时间，以及黑洞视界，作为起点或时间中止的独一无二的宇宙起源，摩擦和传播的不可逆性，天体运动和完美流体的理论可逆性等都令人惊叹不已。如此丰富的多样性令哲学家和文学家感到震撼，尽管他们早已观察和描述过由视觉体验和深沉思索而获得的丰富而多样的时间观念。

为了描述这份多样性，我们将从时间单位与测量谈起，还会谈及为传承百花齐放的个人主观时间体验和不同文化的具体时间感知所做出的努力。我们将探索时间的细微差别，这些差别由经典力学和量子力学、特殊相对论和一般相对论以及宇宙学和热力学为我们一一揭示。每一种考量都将为我们开启关于时间的新的视角：决定论、可预测性、相对论、不可逆性、宇宙起源与终点，这些足以体现时间的客观性、唯一性、持续性、温和性、普遍性和明确性。时间并不是一个严格的科学概念，而是不断经受理论质疑和精细的实验验证的观察推断。

此外，物理学还粉碎了人们对于时间的想象之界限：物理学将界限扩展到宇宙之初，这个数值达几十亿年；还观察到了存在时间短于万亿分之一秒的基本粒子。这些都是无法用人类主观直觉得出，而只能用纯数学推理才能企及的时间，还提出了炙手可热的开放性问题，比如微观物理学的可逆时间和热力学不可逆时间的共存性，或是驶向未来或回到过去的时间旅行的可能性。

6. 时间的单位与测量：标准与钟表

时间的测量对于时间的感知，以及不同时代与文化的生活节奏都有着深远的影响，尽管这种影响是无意识的、潜移默化的。历法的制定和钟表的发明确实是两段激动人心的历史，它们构筑了人类集体时间的规范，通过在年和日的层面上调节这些规范，使之与日循环、年循环的自然法则相适应，或使之与丰收、与商品经济的实际生活相适应，又或使之与宗教、世俗的象征意义相适应。那些各自有着不同传说和目的的国家节日，不同的集体都各自欢庆；那些宗教节日，比如天主教堂在 12 月 25 日庆祝圣诞节，而东正教堂则在 1 月 6 日庆祝；那些季节，比如北半球的夏天始于 6 月 21 日，而南半球的夏天则始于 12 月 21 日——都是集体时间参照多样性的例子。这一时间的流逝在年历中体现得比小时与分钟更为明显，尽管在小时与分钟的层面上，午餐与晚餐时间点和演出的起始时间在很大程度上取决于具体的社会和所处的地理纬度。纬度越高，冬季和夏季的日夜差就越大。

在这一章中，我们将兴趣集中于物理学时间的不同方面，而不是社会日历。因此，开始我们会简短地谈及时间单位的定义和时间测量的方法。在对长度和时间标准的定义中，我们可以区分四个阶段：与人体相关的第一阶段，与地球相关的第二阶段，与原子相关的第三阶段和与物理学中的普适常数相关的第四阶段。时间标准的演化超越了对于工具的单纯兴趣或更精准的测量的理想，它还启示了我们时间的概念。

▶▷　时间标准：从"人类的"到"宇宙的"

在对时间与空间测量的第一个阶段，人类自身是度量一切的工具：手肘、手臂、脚掌和 1/12 的脚掌，这些都是长度标准；而心跳频率则是时间单位。伽利略在一边数着自己的心跳，一边观察比萨大教堂悬灯的摇摆时，发现了钟摆摆动的等时性，并完成了关于物体在重力作用下在斜面加速滑行的一些研究。同时，健康的人体温度如同水的结冰温度一般，都是温度测量开始阶段的参照值。

但人体作为测量标准实在是太具多样性，所以必须寻找更具有普遍性的标准。1792 年，在法国革命的理性主义推动下，人们倡议将人类共通的地球作为参考物，把米作为新的长度测量单位，基于 1799 年对敦刻尔克和巴塞罗那之间的子午线弧长测量数据，"米"被定义为地球子午线的 1/40000000 的长度。作为时间单位的"秒"，被定义为 1/86400 的平均太阳日，即地球自转的平均周期的 1/86400，这一定义事实上需要一些天文学上的细化，因为天文学区分恒星日与平均太阳日。这些单位对整个人类来说都很熟悉：跳过各种文化传统，科技提供了一个统一的标准，这带来了可观的实际益处以及世界性的兄弟情谊的模糊理想。

然而，假如我们想要普遍性，就不应将地球作为标准。归根结底，地球只不过存在了约 45 亿年；它的大小并没有任何特殊的意义，因为太阳系和我们在 21 世纪发现的行星系统中的许多行星都大小不一，比如木星的质量是地球的 300 倍，火星的质量是地球的 1/9；不同行星绕自转轴的自转周期也各有不同，比如木星自转一周需 10 小时；而金星自转一周则为 243 天。此外，地球一天的时长也并不是规律的，它受到两极冰层大小和液态核与地壳固体地幔摩擦的影响，地球一天的时长在其形成之后就一直在增加，自从月球开始沿着轨道绕地球公转，潮汐开始制动地球自转并且使日长变长以来，约 40 亿年前，地球自转需要约 14 小时；约 5 亿年前，需要约 23 小时；在 2 亿年之内将变成 25 小时。所以，根据地球自转来定义时间标准未免有所局限。

从人的限制，我们过渡到了行星的星球限制。当我们寻找比地球更具持久性和普遍性的物理实体时，我们找到了原子。由此，原子取代了地球成为计量标准的参照：在 1964 年，将氪 86 原子在不同能级跃迁的辐射在真空中波长的 1650763.73 倍定义为米的长度；而将 9192631770 次铯 −133 原子两个基态外围电子自旋反相产生的辐射周期定义为秒的时长。如此的精确性，也许最初会觉得有些怪异，但都是真实世界所必需的：在这个真实世界中，不同的电磁电信频道需要非常精确的频率，全球卫星定位系统的准确性也高度依赖于时间测量。

但是，为什么将一些特定原子的变化——如我们在之前的例子中提到的氪和铯，优选于其他原子的变化呢？况且，当宇宙几亿岁时，绝大多数的重于氢的原子核都已形成于行星内部。相反，尽管不能完全排除光速在原始宇宙中的速度与现时速度是不同的，真空中的光速却是大自然中的普适常数，并且在我们的宇宙最起始阶段就已存在。因此，1983 年的国际度量衡大会将光速作为米的定义依据——根据光速在真空中 1/299792458 秒的行程长度来定义米，而时间单位却沿用 1964 年以来的原子秒。它的适用性自然是受限的，并且对于宇宙初期的推断也只停留在理论阶段。事实上，宇宙在最初的 40 万年中都不存在任何原子，当时只存在由氢和氦组成的物质，并处在完全的电离状态中。

▶▷ 历 法

时间的测量历史，即历法、钟表和计时器的演变，以及它们对人类生存和理解世界方式的影响，是一个激动人心的主题。古人利用太阳、水和沙粒来制钟。在好几千年中，生命都被太阳和四季所主宰，时间的意义并不重大。慢慢地，基督教修道院的祷告和穆斯林商队的礼拜以及航海事宜对于时间精准性的要求，大大地促进了对于时间更为精细化的测量。

制定历法最基本的问题之一就是协调不同的时间节奏：日、月和年。太阳年不是所有天数的集合，而是带小数的，即约每年 365.2423 天。因此，按 365 天为一年计算的话，每年相对于真正的太阳年来说就有约 1/4 天的延迟，而太阳年才真正与四季、播种和收割相关联。协调这些节奏的方法是多种多样的：其中较为耳熟能详的就是格列高利历（由教皇格列高利 13 世在 1582 年提出，作为对之前的儒略历法的改革），这在西方世界的大部分地区都沿用至今，这个日历每四年增加一天，即 2 月 29 日，其中每四年指的是年份的最后两位数字是 4 的倍数的年份，除了以 00 结尾的年份，即每个世纪的起始年，在这些以 00 结尾的年份每 4 个世纪增加一年。这些方式的混合运用，将一年调整为平均 365.2425天。一个在伊斯兰世界运行精确的日历是由数学家兼诗人奥马尔·海亚姆提出的，他提出每 33 年置闰 8 日，从而得到一年平均365.2424 天。历法的修订史反映了文化的多元性和不同文明之间的冲突，此外，还极具趣味性。

▶▷　从日晷到原子钟

　　基于地球自转的周期性，人们发明了日晷；基于水和沙粒在合适的器皿中的最高平面的降低，人们发明了水钟和沙漏。最近科学家们正在深入研究周期性与衰变以达到精准的时间测量的极限：原子钟是极短间隔的终极测量工具，并且极其精确；基于核裂变的时钟则揭示了地球的年龄。

　　首先，我们将思考有着固定周期的运动：摆钟、弹簧钟、石英钟和铯原子钟，它们都有着独立于太阳节奏的内在节奏。"时间模仿永恒并且按照数循环前进"，柏拉图在描述时间的重复性时说道。在 14 世纪，很多教堂都设有时钟，这些时钟从重物的下降中获得能量并通过摆杆的擒纵片来调节。由于摆杆的摇摆并没有确定的固有周期，所以这些时钟每天会多出 15 分钟。关于时间的信息通过钟声向群体传递。在 1550 年左右，瑞士人雅各·策希将重物的动力改为小的螺旋式发条弹簧的动力，它能保持恒久动力，尽管弹簧会逐渐失去弹力。这开启了可携带表的生产，尽管一开始仍然很不精确。

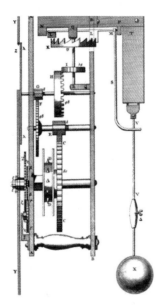

图 6.1 克里斯蒂安·惠更斯于 1656 年设计的第一个摆钟的草图

伽利略在 1602 年观察到了钟摆振荡的等时性，想到了利用钟摆的振荡作为钟表的调节因素，但是他最终没能付诸实践。惠更斯在 1660 年左右成为第一个摆钟的发明者和制造者，并于 1673 年在《论钟摆》中阐明了该理论；从此误差被减少到每天几分钟。尽管如此，钟摆长度随着温度、空气摩擦和不同地理位置的重力而改变，使摆钟并不具备很高的准确率。

　　了解军舰在远海的精确位置的需求是提高时间测量可信度和精确度的最大动力之一：通过太阳在正午的位置，我们可以确定我们所处的纬度，但是要确定经度的话，我们就需要知道我们所在地和某条子午线之间的时差，通常以格林尼治天文台所在地的子午线为参照。因此，英国海军曾经悬赏能够制造可靠钟表的人，这大大推动了钟表业的发展和时间的精确测量。军舰通常在到达具有优质的计时服务的港口时进行对时。

　　时间随着工业革命获得了新的意义。在宗教具有重要地位的社会背景中，教堂的钟声为人们提供了几个世纪的时间信息；在工业革命时代，工厂的鸣笛为人们提供了时间信息，用来提示劳动的开始与结束以及常规休憩。20世纪初，口袋表和手表越来越普及，它们一开始是基于机械弹簧的小型装置，后来被改良为电子振荡器，这意味着时间信息的民主化：很多人都开始拥有自己的钟表。工业的鸣笛慢慢消逝，但在工厂的入口装配了时钟，用以记录每个工人的报道与下班时间。在那些生产线和装配线上，每个动作的计时都对提高生产线收益和开发新的运营战略有着重要意义。

　　我们回到精确这一话题，在1920年，出现了一种双摆系统：一个在常温真空中自由振荡，并通过电子装置，保持同步第二个钟摆，并利用第二个钟摆来报时。这种方式，使人们获得了每年小于10秒左右的变化差。为了消除影响重力钟摆的不精确因素，其他形式的振荡被纳入研究范围。1929年，石英晶体被作为钟表的振荡器，误差降低到每天1/1000秒；从1949年开始，铯原子的运用保证了时间标准的精确性达到每个世纪1/1000秒的误差。

图 6.2 路易斯·埃森和杰克·帕里在 1955 年于美国国家标准局发明了第一台原子钟

全球卫星定位系统（GPS）需要对时间进行精准测量，因为地球上的定位测量和时间测量是密不可分的，就如在航海中碰到的情况一样；同样地，广义相对论推导出的时间变化也需要对时间进行精确测量。因此，提高时间测量的精确度有着实际意义和理论意义。当今，通过超低温冷冻技术，时间的精确度已经提高到每 150 亿年约 2 秒的误差，实际上已经达到量子力学不确定性原理所认同的精确极限了。

▶▷ 从沙漏到放射测年法

如沙漏一般，利用衰减来测量时间流逝的想法，也被运用于放射测年法中。尽管确定具体某个原子核何时分裂是不可能的，但就统计意义来说，同位素的原子核数目减少到一半所需要的时间总是相同的。这个时间取决于原子核的种类以及原子核分裂的时间，并被称为半衰期。这种衰变与样品不同年限的放射活动相关联，并且保证了相对准确的测量。

　　1905 年，卢瑟福在观察到氦是放射性物质分裂的产物之一后，提出一些矿物的年份可以通过它的放射性物质和氦的比例来测量，在假设氦不逃逸的情况下，他还第一次测量出了矿物样品的地质年代约为 5 亿年。这打开了许多可能性的大门，尽管不少人也对此持怀疑态度。在少数几个对这个主题感兴趣的科学家中，博尔特伍德最为突出，他在 1910 年左右使用铀和铅的含量比来测量多种矿物的年份；还有霍姆斯，他将自己的一生都奉献给了使用这些方法来测定地球年龄的事业，而不再使用传统的地层沉积学和古生物学的测算方法。科学家们利用半衰期长的同位素的衰变来对岩石进行放射测年法，比如铀 238 衰变为铅 206 的半衰期为 45 亿年，又如钾 40 到氩 40 的半衰期为 13 亿年。

　　这些半衰期都非常漫长，可想而知以此来判定人类历史的不同年代会有多么困难，因为与这些半衰期相比，人类历史实在太短暂了。因此，将放射性方法运用到考古学测年比将其运用到岩石测年更难。利比在 1940 年提出碳 14 测年法，碳 14 的半衰期为 5730 年，堪比古老文明的年份。科学家们认为生命体中碳 14 和碳 12 含量比和它们在大气中的含量比是相同的，约为 1 ∶ 10000 亿，它们在大气中是由宇宙射线撞击氮原子核时产生，其中碳 12

是碳的最稳定也是数量最多的同位素。在植物或动物死亡之后，木头或骨骼中的碳14的含量就会时断时续地减少，并且揭示生物死亡之后所过的时间，因此自然可以被用来测算在考古挖掘中发现的木头与骨骼的年份。目前科学家们已经可以测定更多物体的年份，通过中子轰炸，使物体以不同的方式产生不囿于碳元素的多种同位素，并利用这些同位素的含量比来推算具体物件的年份。

放射性测年法也可以用来研究地球气候历史的一些细节。比如，同位素氧16和氧18在不同深度的冰川层或两极冰中的水分子中的比例，被公认为是它们形成时期的地球温度的良好指标。因为在炎热时期，海水蒸发量更大，而鉴于氧16相对较轻，在一定温度下，它比氧18蒸发得更多，那么氧18的含量更高就对应了地球炎热的时期。这些调查对于研究人类存在之前的地球的气候变化有着重要意义。多年以来，我们都生存于大气变暖的气候中，这全部或部分归咎于碳酸酐、甲烷、氮氧化物等温室气体的排放，这也许意味着会给一些纬度地带带来真正意义上的气候变化，这种变化会造成令人担忧的后果。所以了解从前人类存在对地球大气组成无实际影响的那个时候，气候变化所产生的效应是十分有意义的。

观察同位素含量对这类研究提供了很大的帮助，也大大推动了与生物进化相关的其他各种研究，比如在最近5亿年间陆地侵蚀及其引起的陆源物质入海量的相对量，以及此相对量对这些水域为不同物种供给养分的能力所造成的影响。

7. 经典力学与量子力学中的时间：
决定性、预见性、随机、混沌

　　始于牛顿的经典力学意味着对于太阳系新的认识，以及对数学与整个世界的关系的全新看法。它的预知力以及所蕴含的决定性，对于人们如何看待时间有着重大的影响，经典力学中的时间只是用来标记肇始于开端的常规线性事件的一个数字。从古代的斯多葛派思想家将宇宙视作一个巨大的生物体，到经典力学将宇宙视为一个巨大的钟表装置，时间被物理法则精确地调试，而这些物理法则决定了宇宙的未来。虽然可预测性与决定性被混沌理论和量子力学相继质疑，混沌理论和量子力学提供了与经典力学中的时间看法相左的观点与细节。

▶▷　经典力学：决定性与预测性

　　在牛顿力学中，时间是一个持续参数，用来指出可逆的、顺序发生的事件。因此，牛顿力学并不倡导谈论因果，而是更习惯于描述一连串的事件，这些事件原则上可以正向或反向查看。在我们可以企及的宽广时间范围内，那些经典力学方程式不仅可以被用来探索未来，也可以探索过去。我们可以预测未来的掩食现象，也可以推算过去的掩食现象发生的时间。假如我们知道组成一个系统的所有粒子的位置与速度，以及所有粒子之间的相互作用力，我们就可以确定这个系统中的任意一个未来或过去的状态。

原则上来说，系统的起始条件决定了一切。因此，一个能够完全精确了解这些起始条件并且能够快速演算的存在，可以预知未来一切，这个假想中的存在被称为"拉普拉斯恶魔"。引用拉普拉斯的原话："一位智者在某一时刻能够了解所有驱动自然的力以及所有构成自然的实体的位置。此外，他还广博到能将这些数据进行分析，将所有从宇宙的最大实体到最小微粒的运动都纳入一个共同的公式中。那么对于它来说不存在任何的不确定，未来一如过去，在它眼中不过是现在。"这一种认知让我们想起了神圣的全知：具有对于现在、过去及未来完整的视野。

关于决定论的一个观念上的挑战就是理解它与自由的共存关系，这个问题神学家在试图协调上帝的全知与人类的自由时已经多有探讨。一个全知的神应该知道所有人的未来，并且知道他们是否注定升入天堂或堕入地狱；从这个观点出发，那么人类自由只是因我们自身认知的局限所产生的单纯幻想。这一注定论由圣奥古斯丁、路德和加尔文提出，在拉普拉斯的决定论中得到了一些世俗的、科学的阐释，而拉普拉斯的决定论是从牛顿力学的成果中推断出的对于宇宙的完全认知。在历史长河中，上帝的全知与人类的自由之间的剑拔弩张一直是世间的痛苦之源，这也是围绕着一个全知却又允许自由的上帝，或是一个至善至能但又容忍罪恶的上帝的形象的显性矛盾之一。

那些决定论的公式允许根据起始条件，了解一个系统的未来状态。也许我们一开始可以说，根据这个观点，过去决定了未来，并且未来对过去毫无影响。但这不是唯一的可能性。为了解决这些方程式，我们需要两个条件：关于位置和速度的条件。最常见的是位置与速度在最开始的那一刻都是已知的，但是在一些情况中我们只知道移动物体的初始位置和在将来某一刻的预期位置，如同将炮弹射向具体目标一样。在这种情形下，我们就应该在运动方程式的所有可能的答案中，挑选满足起始位置和结束位置这两个条件，并且还要视起始速度而定。那么，无论是未来还是过去，都对系统的发展历史起决定作用。也许存在确定目标的自由，这个目标并不由力学而是由军事战略决定；也或许存在确定起始条件的自由。在这个意义上，决定论并不与自由和目标相抵触。这些可能性在力学的变分原理中被确证，我们将在之后详述。

牛顿定律首要成果就是解释了开普勒定律，分析了太阳系中的行星运行规律。另一些成就包括哈雷彗星的周期性运算，对于潮汐的解析，和后来基于天王星的运动异常预测出当时并未观察到的新的行星——海王星。后者一开始被认为是牛顿定律的失误，后来变成了极其光辉的成就，因为海王星最后在预测的位置上被观测到了。牛顿定律的力量和它的预测能力实在令人印象深刻。

然而行星的运行却有着远非开普勒定律所能企及的精妙。比如，地球除了它以天为单位的自转和以年为单位的公转，还呈现出其他节奏：地球自转轴绕黄道平面的垂线的旋转——岁差，有着2.6万年的周期；自转轴相对黄道平面（行星旋转平面）垂线的倾斜角的变化在 22 度和 25 度，目前约 23 度半，周期约为 4 万年；地球公转轨道的偏心率变化周期为 9.3 万年。这三个节奏，其中第一个是因为地球并非完美球形，后两个是受到木星的影响，它们被称为米兰科维奇循环，并因地球受太阳辐射的变化，在一定程度上决定了冰期。月球有助于稳定地球自转轴摆动幅度；如果没有月球，地球自转轴摇摆会加剧并且变得不规律，造成气候的严重不稳定，地球上也就不可能产生智慧生命。

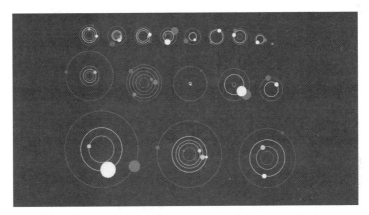

图 7.1　2005—2010 年期间观测到的多个外太阳系行星系统的行星轨道草图

注：牛顿定律可以推算中心天体的质量以及关于这些系统的其他相关信息。

▶▷ 决定性混沌和不可预测性

描述随时间变化的系统变量的表达式并不容易获得。决定论的最大理想就是获得这种可以直接预测在任意时刻的变量值的表达式：只需要改变时间参数值，而不需要通过中间时刻，过去和未来的任一时刻在理论上都变得可被测算。时间变得透明，为计算展开了一个开放的、清晰的视野。然而，很多物理系统都是不可积的，即它的数学结构无法找到一个描述随着时间而变化的变量的明确的方程式。这使我们通常需要考量从现在到我们想要预测的那一刻中间的所有时刻，而在简单系统中，我们可以直接预测任意遥远的时刻。正如生活本身，我们无法规避中间的时刻，直接就跳转到未来。

在 1975 年到 1990 年间，物理学经历了决定性混沌理论的大革命，几乎等同于相对论、量子力学或认为宇宙扩张的宇宙学所带来的变革。混沌体系是那些动力学行为不规则，并且对于起始条件非常敏感的体系：在这些方面的一个小的错误可能迅速演变，

图 7.2　奇异吸引子中的一个系统的运行轨迹

注：这个系统围绕各自不动点的绕行数是不规则的，并且很大程度上取决于系统的起始条件。

并使所有预测在短期内失效。既然我们无法足够准确地了解那些起始条件，那么总会有不确定的余地。在正常系统中，这一不确定的后果逐渐累积，预测的质量可以长时间保证。但是在混沌体系中，不准确性会快速演变，那些预测在很短的时间内就变得不足为信。当然，也有更遥远的时间范围，我们无法对其进行预测。所以，时间丧失它在决定论中所呈现出的理论透明度和无所不知的能力，进入了即使不模糊，但也还是无法进行长期预测的雾区。

对于混沌运动的研究起始于 19 世纪末期的法国数学家亨利·庞加莱，他最先开始研究三体在相互的重力作用下形成的系统，但是他的研究结果令人难以解读。比如，一个绕着两个大质量天体旋转的假想中的小质量天体，它也许会绕行其中一个天体几圈，又绕行另一个天体不同的几圈，如此往复：这一连串的绕行数列正如我们所料的那般不规律。事实上，我们很有可能发现，行星位置和速度的起始条件以及绕行两个天体的相继圈数，可能是随机的任何数列：这一明显的随机性并不相悖于决定论！

洛伦兹使人们重拾研究混沌的兴趣，他在 1965 年左右建立了大气对流的数学模型。吕埃勒和塔肯什于 1971 年基于奇异吸引子的概念，提出了一个包含洛伦兹研究成果的非常完整的数学框架。正值对于动力不规则性的研究兴趣不断提升时期，几何复杂性领域的研究进展也如雨后春笋般繁盛起来。曼德尔布罗特在 1975 年提出关于自似性的复杂性分形几何理论，即无论从何种层面观察都呈现相同面貌的图形的复杂性。分形几何理论用来描述复杂曲线或表面，比如海岸线、山和云的曲线起伏还有肺的凹凸不平。

由电脑生成的美丽分形图案快速吸引了人们，并且开启了新的看待复杂现象的方式。奇异吸引子的动力复杂性具有分形结构已经得到了证实。计算机的计算，在这个领域是必不可少的，以及各种试验都在多种学科快速地被推进：流体动力学、化学动力学、电子学、光学、生态学、气象学、磁学等，而且复杂性科学研究已变成了跨学科的大探险。

这种不规则、无周期性并且在短期可预测时间之外的，就是气象学中的时间、地磁极的漂移的时间，以及心室纤维化的时间。与提前几个世纪就可以预测的偏食现象相反，气象时间的准确预测无法超过 3 天或 4 天：小的变化层加类叠，造成与预测结果完全不同的情况。因此，气象预测需要实时更新，还需要不断研究基于多种起始条件演化的电脑模型，这些起始条件信息是由气象观测站提供的，或是基于之前预测的变化情况提取的。如此我们获取了近似于我们真实体验的天气以及不同历史时期的气候变化信息：定律与不确定性，以及常规性与随机性的混合。

假如这个系统有着很多难以控制或测量的变量，这一动力复杂性就不会那么令人震惊。令人震惊的是在只有一个变量、动力是连续的或离散的系统中，只能找到三个自由度。举一个有多种行为现象的简单方程式的例子，比如逻辑递推，它是从群体动力学或经济问题中受到启发的。在这个方程式中，一个变量 x 的 x_{n+1} 值在某一刻 t_{n+r}，其中 r 是连续测量的时间间隔，n 从零到正无穷并只取整数值，x_{n+1} 值和 x_n 值与过去时间 t_n 相关，关系为 $x_{n+1}=rx_n(1-x_n)$，其中参数 r 位于 0 到 4 的区间内。假如 r 处于 0 和 1 之间，

那么 x_n 值趋向 0，也就是生物的灭绝或者资本流失。假如 r 处于 1 与 3 之间，x_n 趋向于不等于 0 的值。假如 r 位于 3 和 3.4495……之间，x_n 就不会趋向于固定值，而是两个互相交替的值。假如 r 位于 3.4495……和 3.5440……之间，就会出现四个不同的值周期性重复。相反，假如 r=3.5699……，就会出现混沌行为现象，即非周期性的——意味着我们不会碰到任何重复的数列——且对于起始值非常敏感。当 r 值位于 3.5699……和 4 之间时，就会出现相互交叠的秩序区域和混沌区域。

尽管决定性混沌有着很多不确定性，但是也有很多实际积极的一面，因为它允许探索多种可能性。因此，在生物系统中找到它的身影就不足为奇了，例如需要制造抗体的免疫系统或产生多种心理活动的大脑。混沌动力学意味着在比较理论和实验的方法上的观念变化。在非混沌动力学中，观察到的真实路径在很短的时间内就与计算出的路径产生了明显不同，这意味着这个理论模型并不完善；在混沌动力学中则相反，这一不同是混乱增加的内在结果。想要了解一个方程式系统是否很好地描述了决定性混沌系统，那就需要研究它的路径的所有特性，比如，它的分形维数。

▶▷ 量子力学：不确定性与纠缠

量子力学分别是由海森堡、薛定谔和狄拉克于 1926 年左右奠基的。量子系统，基本上就是微观系统，比如原子或原子核，或是粒子内聚形成的混合物，像极了低温下的气体或激光的电磁辐射。波函数描述量子系统，它可以描述出系统被测量时的即刻状态。关于时间的阐释方面，量子力学相对于经典力学，提出了不确定性和叠加的概念。

不确定性是量子力学的主要贡献之一；根据海森堡的测不准原理或不确定性原理，同时确定位置和速度是有一定精确度限制的。这意味着牛顿的决定论已失去效用，因为它要求在了解速度和起始位置的基础上来确定之后的位置与速度。量子力学的不确定性打破了将时间视为由起始条件决定的、简单的、不可抗的现实的延展。当然，量子力学的不确定性也未解决自由问题，因为它具有无法规避的随机性，但是为自由的可能冲破了藩篱。

然而，我们需要甄别波函数的演变和测量过程，波函数的演变由薛定谔方程主导，是决定性的并且可逆的，而测量过程则是不可逆的并且具有内在随机性。根据量子力学的最常见的解读，系统在被测量之前，所有可能的状态同时叠加，只有在测量的那一刻，才变成一个具体状态。这一阐释的矛盾因1935年薛定谔的著名案例而引起广泛重视，案例中一只猫被关在四壁不透明的封闭盒子内，盒子内置量子装置，一旦激活，可能引起爆炸或散播毒药。由于量子系统处于两种状态的同时叠加态，即激活或未激活状态，那么猫也就同时可能生或者死。只有打开盒子观察，这个量子系统才可能处于单一状态，即猫可能存活或死亡。

这对于许多科学家来说都是难以置信的，例如量子力学的两位先驱——爱因斯坦和薛定谔，他们反对量子力学是对现实世界的完整描述。尤其是如果我们不测量位置和速度，那么一个电子就不会有位置和速度：它会是一个占据了这个空间并且在被定位之后收缩成一个点的非局域实体。基于 1980 年原子由激发态向基态跃迁时向相反方向辐射光子的极化的相关实验，以及物理学家约翰·贝尔在 1960 年推导出来的不同的数学结果，科学家们得到了符合量子力学，但与局域的、实在性的决定论模型相左的结果。

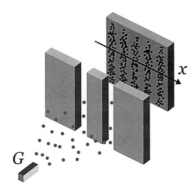

图 7.3　双缝实验证明了粒子的量子波性

通过费曼在 1940 年年末提出的公式，量子物理学呈现了一个现实世界，它并不只有一个历史，而是所有可能的历史叠加。以这种观点来看，历史并不是唯一的：历史包含了无限的可能，比如在人生某个岔路口的是非选择，比如一个实验也许实现了一些结果而摒弃了另一些结果。因此，这与我们固有的观点不同：在某一刻所做的决定只对后来的时刻产生后果，然而这某一刻的决定可能会影响所有的时刻，既包括之前也包括之后的时刻。至少这是经过量子物理学和实验证明的，发生在可以从一点走向两条不同的路径，从而到达另一点的光子上的实例。这个光子同时经过两条路径，只有当我们为了确定它选的是哪条路径而做实验时，这条路径才完全被确认，而另一条路径则被摒除，这并不是因为光子一开始就在两条路径中选择了一条路而放弃了另一条路，而是因为光子同时处于两条路径之上，其中一整段历史被抹除，而另一整段历史则被实现。事实上，从某个意义上来说，我们的决定并不仅仅对未来产生影响：一些决定可能会将过去的某些瞬间抹除并且突出另一些时刻。一个政治事件或是一个艺术潮流并不仅仅影响未来，同时也让我们以不同的方式重读之前的历史。

量子力学最受争议的地方是波函数的坍缩，即从系统所有可能状态的同时叠加态到测量时的唯一状态，并且不能被薛定谔方程式所描述。然而，量子力学的一个完整的方程式很有可能要求这样的描述。但是，究竟是测量行为的哪种特性导致了波函数的坍缩呢？如果说归根结底，测量工具也是一个量子系统，那么波函数为何会坍缩，而不是沿着量子叠加发展呢？一些学者将此归因于测量工具的宏观特性，因为从微观世界转换到宏观世界的过程中也许发生了些什么；另一些学者将其归因于观察者意识的干涉，隔断了系统的物理叠加和测量设备的联结。还有一些作者提出了对这一问题更令人匪夷所思的解决方法：埃弗里特在1958年提出多世界的模型，根据这个模型，在完成每个实验之后，世界就会分裂成两个：在一个世界我们发现处于这个状态的系统，在另一个世界我们发现处于另一个状态的系统。所有的答案都被实现了，但是在不同的平行世界。从时间的观点看埃弗里特的模型，它展现了一连串时间的无穷尽的分岔，所有的可能性都得到了实现，正如博尔赫斯在《小径分岔的花园》所说的："时间永远分岔，通向无数的将来。"

在其他量子物理学带来的惊喜中，值得一提的还有费曼公式中被定义为逆时而行的粒子的反粒子。那么根据这个观点，一个走向未来的反电子也许等同于走向过去的电子。尽管这令人难以置信，但是这种解读已经用数学方法得到验证，它的实验预测也得到了证实。从这个意义上来看，现在是由过去的影响——如我们一般走向未来的粒子——和以反粒子形式从未来迎向我们的粒子构成的。

8. 相对论与时间：时间膨胀与时间旅行

根据哥白尼的日心说，那些看上去无疑且明显地处于静止状态的事物也许事实上正处于高速运动中。哥白尼的日心说与亚里士多德的物理学假说无法兼容，在此惯性原则的基础上，伽利略提出了崭新的力学理论。在伽利略和牛顿的理论中，所有运动都是相对的，并且所有的力学定律在任意两个相对匀速运动的系统中都是相同的。所以，我们向上垂直投掷一块石头，石头重新落到我们的投掷点，这并不意味着地球处于静止状态，而是在石块投掷与下落期间，它和地球都向东移动了相同的距离，但是我们只能目测到它的相对运动，即石块上升与下降，但无法看到两者共同的向东移动。

麦克斯韦的电磁学方程组使人们认识到了一个特殊的速度：光速。人们本来以为假如光在以太宇宙中穿行，那么基于地球靠近或远离一个行星时光速的改变，就可以测定地球对于以太的相对运动。迈克耳孙和莫雷在 1887 年进行了实验，证明事实并非如此：光速在两种情况下都是一样的。故而，爱因斯坦提出了一个同样适用于力学和电磁学的新的相对论，在这个理论中，光在真空中的速度是绝对值，并不因为观测者的不同而改变。由此，牛顿理论中的绝对时间与空间被光速的绝对值所取代。相对论并不意味着完全的相对性：它要求我们摒弃直觉上对时空概念的笃定，摒弃我们在日常生活中对时空的体验，转而思考光速的绝对性，并且用精确的定律描述了不同观测者所得的时空测量数据之间的关联。

▶ ▷ 特殊相对论

爱因斯坦于 1905 年提出了相对论，认为真空中的光速并不取决于观测者和发起者的速度，他还认为力学和电磁学物理定律对于匀速移动的观察者来说是不变量。这深深地影响了人们对空间和时间的认识。事实上，第一个令人惊讶的结论会变得显而易见，假如我们设想：当我们坐在车上，看见另一辆车正向我们驶来，那么两辆车的相对速度就是两者各自速度的总和，也就是说假如我们以每小时 100 千米的速度前行，另一辆车以每小时 90 千米的速度向我们驶来，那我们的相对速度就是每小时 190 千米；相反，假如这辆车在我们之前以每小时 90 千米的速度前进，我们在这辆车之后以每小时 100 千米的速度追赶，那么我们就以每小时 10 千米的速度逐渐接近前一辆车。反之，爱因斯坦相对论证实，无论我们靠近还是远离光源，我们测得的光速都是一样的。如果这是可能的，那么空间与时间也应该是相对的。

一个量化分析显示，相对于处于静止状态的观测者对时间和空间的测量数据，当观测者在以一定速度移动时，长度会收缩，而时间会膨胀。这种变化效果只有当观测者的速度与光速接近时，才能被感知。因此，当移动速度为真空中的光速的 80%，即约 30

万千米／秒时，长度会缩短 60%，而时间会膨胀 60%。这种长度收缩和时间膨胀的关系在爱因斯坦之前，就已被洛伦兹、菲茨杰拉德和庞加莱提出过，但他们认为这些现象产生于与以太的相互作用。爱因斯坦排除了以太，分析光速对于长度和时间测量的影响，不仅如此，他还推算出物体的质量也随速度而改变，它与能量相关，并且可以用方程式 $E=mc^2$ 来表达。

▶ ▷ 同时性和持续性的相对关系

　　时间的相对性体现在同时性与持续性的相对关系上。对于一个观测者来说同时发生的两件事，对于另一个相对运动的观测者来说并不是同时发生的，因此同时性就失去了绝对意义，正如不同时发生的两个事件的时间顺序失去了绝对意义一样。至于持续性，运动中的观测者会觉得这两个事件的时间间隔较长或等同于静止状态观测者的观测结果，这使移动中的时钟相对于静止状态的时钟会有所延迟。对于一个处于光速运动中的观测者，比如说光子，时间就毫无用武之地，所有的事物都是同时发生的。

　　这一令人惊讶的关系已被反复证明。第一次是在 1940 年由高层大气中的宇宙射线造成的 μ 粒子的衰变节奏所证实。尽管这些 μ 粒子以高速前进，但是依据经典理论，这些 μ 粒子会因为衰变过快，而不会有足够的时间到达地球表面。然而，它们却最终达到了地面，因为对于我们这些静止中的观测者来说，它们的平均衰变时间相对于我们的测算时间更长。另一明证源于装设在超音速飞机和绕地卫星上的原子钟。相对论效应也被高速运动的高温气体的原子发射频率所证实，同样也被大型加速器的粒子表现所证实。

我们所提到的这些变化对于所有参与的观测者来说都是对称的，这蕴含了矛盾，就如所谓的双生子佯谬。比如，一个观测者以 80% 的光速行至一个与地球相距 8 光年的行星，那么对于地球上的观测者来说这一往返时间为 20 年，即往返各 10 年，然而对于运动中的观测者来说，这一过程只花费了 12 年，即往返各 6 年。因此，当这个远行者返回地球时，发现在地球上的观测者已老了20 年，而自己只增加了 12 年的岁数。这一矛盾在于两者的速度都是相对而言的，因此，假设我们是从处于地球运动中的观测者的角度来看，并将另一个太空旅行者视为静止，那么情况就会相反。这一答案关键在于这个旅行者肯定加速或刹停过，这就打破了他和固定不动的观测者之间的对称。

相对论意味着光速除了是普适常数，还代表了我们可以发送信息的最大速度值。此外，物体质量随着速度的增加而增大，并且在接近光速时达到无穷大，因此就需要有一个无穷大的能量把物体加速到这个速度。无论如何，一些科学家已经设想可能存在比光更快的粒子——快子，但是科学家可能无法将它的速度减小到光速以下。传播的最大速度已经引起了广泛的兴趣。在这些分析中有必要从不同频率的波包的传递速度——即群速度中——突出某一频波的相速度。在一些存在激发条件的实验中，一个光脉冲的群速度可以超过真空中的光速，因为它的前半部分吸收了环境中的能量并且改变了脉冲形式，因此最高脉冲比最前端的速度更快。然而这并不违背因果性，因为能量已经包含于环境中。

▶▷　广义相对论

广义相对论是包含了引力场的特殊相对论的延伸。爱因斯坦于 1915 年提出了引力和加速系统之间的等效原理，根据这个理论，一个在关闭电梯内的观测者，观察到了有一个系统的力作用于所有周边的物体，但他无法分辨是电梯在加速还是电梯处于静止状态却受到引力场的影响。这一等效作用也许可以解释惯性质量和引力质量的相等，其中惯性质量描述的是速度改变的阻力，而引力质量是产生重量的原因，这一等同在经典力学中被认为是诡秘的巧合。为了提出广义相对论，爱因斯坦发现加速系统并不将空间—时间视为是平的，而是弯曲的，也并不是欧几里得几何的，比如一个半径为 r 的圆周长度并不是 $2\pi r$，三角形的多个角度数加起来也不是 180 度。

爱因斯坦将空间—时间的弯曲度与其所载质量或能量相关联：假若物体越大，时空的弯曲度就越大。在时空的两点之间，物体沿着最短线路移动，即大地测量学的线路，与直线是不同的。因此，在如地球和太阳般质量的物体周边，时空是弯曲的，物体在这个时空中曲线移动，就好像受到引力的作用。然而，这一作用力并不是真实的力，而只是时空弯曲的结果。与牛顿的理论不同，在广义相对论中引力摄动不是同时传递的，而是以光速传递的。

这一理论最广为人知的成果就是光在重物旁的路径弯曲度，水星近日点的进动以及黑洞的存在和引力波的可能性，其中引力波就是时空弯曲中的波。

根据广义相对论，引力改变时钟的节奏：随着作用于时钟的引力的减少，时钟走得更快；在珠穆朗玛峰之巅，时间每秒约比海平面多走 30 微秒。对于远方的观测者来说，在黑洞的视界引力强到足以使时间停止。如此，假如一个宇航员沿着黑洞而下，并且每秒向遥远的航天器发送一个信号，他不会感觉到自己时钟的任何变化，但是航天器上的观测者发现随着宇航员越来越接近视界，他所发送的信号间隔越来越大，就好像时间流逝得越来越慢，直到观测者发现宇航员在视界静止，而他的手表停滞。宇航员则已然处于黑洞之内。因此，从外部看来，在黑洞的视界上时间无止境地膨胀。

▶▷ 相对论与科技: GPS

依据相对论对时间的流逝进行修正，对于全球卫星定位系统 GPS 有着实际重大意义。系统有 24 个卫星，它们组成了卫星网络，在离地面约 26700 千米的上空以每秒 4 千米的速度绕地而行；与此同时，地面观测者在离地球中心 6700 千米处（地球的半径长度），在赤道上以每秒 450 米的速度移动。根据特殊相对论，由于卫星的高速运动，它的时钟每天延迟约 7 微秒；但根据广义相对论，由于它离地球较远，受到较小的引力作用，它的时钟每天多走 45 微秒。根据这两个作用因素，卫星上的时钟每天比地球的时钟多走 38 微秒。假若没有相对论性的调整，这一时间差再乘以光速，意味着每天约 11 千米的定位误差。因此，没有基于相对论的修正，GPS 就无法正常运行。

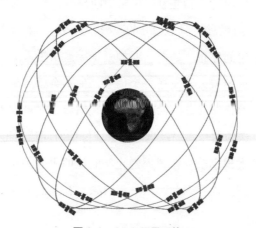

图 8.1　GPS 卫星系统

注: 卫星上的时间节奏与地球不同；如果不考虑特殊相对论和广义相对论对于这一节奏差异的作用，那么每天就会累积 11 千米的定位差错，GPS 系统就会无效。

　　尽管相对论物理学带来了无数概念上的惊奇，但它和经典物理学一样都是决定论性的，认为宇宙的整个未来都取决于起始条件。这一特性在相对论物理学中比在经典物理中显现得更为明晰，因为相对论取材于时空，认为它是一块四维的壁挂，其中所有观测者的故事都是起于出生、终于死亡的一抹染彩。时间是确定这一抹染彩位置的参数，但这一抹染彩本身是无时间性的，只是永恒的壁挂上的一缕织线。

▶▷ 时间旅行

　　相对论打开了时间旅行的可能性，人类可以行至未来，或者理论上来说，也可以回到过去。事实上，我们所有人都正走向未来，但是特殊相对论允许我们行得更快更远。一种方式是以接近光的速度旅行，比如我们以 98% 的光速速度旅行 4 年；当我们回到地球时，地球已然经过了约 4 个世纪。从能量角度看，这一旅行的价格也许是高昂的，因为要达到接近光速需要很多能量；从心理学的角度看，我们需要付出更高昂的代价，因为当我们回归时，我们所爱之人都已逝去。此外，为了确保我们的时间相对于地球时间加长，我们就必须保证因我们自身速度加快而产生的时间膨胀——特殊相对论——足够弥补当我们远离地球引力场时产生的时间压缩——广义相对论。

　　旅行到过去更艰难且更富有争议。为此需要求助于广义相对论。根据广义相对论，引力是时空的变形。原则上来说，可以想象这种变形强至可以将普通空间中相距甚远的区域通过隧道连接起来，但条件是这些区域都与这个隧道距离相近。这一些隧道被称为虫洞，是黑洞概念的延伸。假如这一隧道允许我们在其中以低于光速的速度通行，并且我们从一个地方到达另一个地方所需要的时间比光在正常空间中所需要的时间更短，那么我们也许就能回到过去。

　　然而若要产生虫洞，就需要时空负曲率，它需要一些不同于普通物质的高浓度的负能量材料，又或者需要宇宙加速绳环，它如头发丝一般细，但每毫米长度的能量浓度都为几万亿吨，它使时空变形，但是为此也许需要堪比整个银河系的能量。即使如此产生了虫洞，在虫洞入口的一个强度极高的射线都有可能使虫洞无法通行，这种射线类似于在黑洞表面的霍金射线。

　　我们也可以在一些特殊天文模型中找到另一种回到过去的可能性，比如哥德尔在 1940 年研究的旋转宇宙模型。回到过去的可能性并不仅仅蕴含着实际问题，也含有逻辑矛盾，比如在自己出生之前，错杀自己父母或者祖父母，这会使我们不存在。这些矛盾是不可避免的，除非从经典力学的角度出发，时间旅行意味着在被访问的过去时刻，不能有不同于历史的行动自由；抑或从量子力学的一些阐释出发，我们行至另一个有着不同历史进程的宇宙。

9. 宇宙学：时间的起始与终点

现代科学对于文化最奇妙的贡献之一就是让我们认识到宇宙并不是静态的，而是正在持续膨胀。这为时间的起源、宇宙的年龄、宇宙进化中主要事件的时序，以及宇宙的不确定的或有限的未来之类的问题打开了新的视角。在思考时间这一宏大主题时，如果不将宇宙扩张的概念纳入考量范围，也许不太现实。

一个世纪以来，现代宇宙学陆续累积了许多观察结果、阐释和理论：从功能越来越强和越来越准确的光学望远镜，到微波和无线电波大型天线，红外线、紫外线和伽马射线望远镜，以及卫星上装设的望远镜；从广义相对论到基本粒子理论、超弦理论和不同的量子引力模型等。对于宇宙起源的研究集合了关于最宏观物质的理论和最微观物质的理论，并且使物理学更接近形而上学。

▶▷　时间的起源和宇宙的年龄

爱因斯坦于 1916 年将广义相对论运用到对宇宙的描述中，并且得出宇宙不可能是静态的，然而爱因斯坦自己却拒绝承认这一结果，并为他的公式添加了一个额外条件，以此来保证一个静态的宇宙。从心理学的观点看，这一拒绝是可以理解的，不仅因为在那个年代没有能证明这种可能性的观测结果，还因为爱因斯坦将物理定律视为客观及永恒理性的表现，它们是在斯宾诺莎式的理性主义泛神论范畴内的对宇宙最深层本质的鉴定，而这种理性主义泛神论将世界的永恒认定为数学永恒。

然而，在1929年，哈勃观测到了宇宙的扩张，他发现星系系统性的远离速度与星系间隔距离成正比。在对这种扩张运动进行回溯时，就会到达所有星系相同且唯一的瞬间，我们可以称这个瞬间为宇宙的起源。宇宙的年岁近似于星系分隔距离与星系分离速度的比值。这是第一个与宇宙有限年龄相关的、可观测到的物理参数，根据普朗克卫星2013年3月的数据，宇宙约为138亿岁。根据广义相对论，星系之间的相对远离并不是因为它们在一个固定空间中的移动，而是因为它们之间空间的膨胀，除了一些星系漂移运动，这些星系在逐渐扩张的空间中是固定的。

然而，宇宙扩张并不需要排除永恒宇宙。因此，霍伊尔、邦迪和其他一些科学家提出了稳态宇宙模型，认为随着扩张的进行，物质不断被创造，以此形成新的星系，从而使宇宙物质的浓度保持稳定。假如没有持续的物质创造，星系就会无穷尽地分散，我们就无法观察到任何一个星系。为了维持宇宙中物质的恒定浓度，宇宙物质的创造节奏需要达到在每年每立方千米1颗氢原子，因此实际上是无法观测到的。这一模型碰到了它明显无法解决的问题，在1965年科学家们发现了宇宙微波背景辐射，这在大爆炸模型中得到了合理的阐释。

▶▷　量子物理与宇宙起源

　　除了最初那亿兆分之一秒，宇宙初期已为人精确所识。借助于那些研究高能量粒子之间冲撞的加速器，即使这些粒子浓度比原始宇宙低很多，我们也可以了解物质在极高温时的行为。在常见的天文模型中，起始温度和浓度都是无穷尽的，因此实际上我们并不了解宇宙是如何起源的。

　　由于广义相对论和量子力学并不兼容，在理解宇宙起源的道路上我们因缺乏关于引力的量子理论而受阻。既然广义相对论研究的是宏观问题，而量子力学研究的是微观领域，那么粗略来看，这也许并不是什么大问题。但是我们现在能观测到的宇宙在起始阶段比原子核还微小，因此对宇宙起源的研究需要结合引力和量子物理。在时间的藩篱之下，我们需要符合普朗克时间的引力的量子理论，在 17 章中会详细论述。一个能够帮助我们越过这道藩篱的统一理论是可能的；在一些量子引力理论中，宇宙起始状态的浓度也许是有限的，并且可以被物理学所描述。

　　另一个关于起源的问题是在大爆炸之前有什么。在经典理论即不考虑量子作用的理论中，这个问题没有意义：时空和物质一同开始，没有之前，这一观点早就由柏拉图在《蒂迈欧篇》中提出过——"那日、夜、月、年在天空诞生以前都不存在"，圣奥古斯丁在试图设想上帝、时间和宇宙的关系时，也提出过类似观点。相反，在量子物理中一个无法定义的、浮动的、高度变形的时空是可能的，在这一时空中宇宙随着量子涨落而逐渐诞生。

在这些模型中，我们应该了解在量子虚空中，存在虚粒子与虚反粒子的虚粒子对的不停歇晃动，它们出现又相互湮灭。如果虚粒子的质量超过一定值，就会使时空发生弯曲，且弯曲程度会逐渐扩张：这种曲率的负能量保证了物质和正能量辐射的逐渐出现，并且逐渐形成整个宇宙。或者根据现行理论，这一时空会小范围地激烈浮动，如同一粒泡沫一样不断地晃动。绝大多数的泡沫球都会是小的蜉蝣宇宙，但是只有一些能成长为广阔的宇宙。在这些量子模型中，可能有很多个宇宙，每个宇宙都有自己的物理定律，或者也许所有这些物理定律只是一个唯一物理定律的表象，它们与我们现在所知的定律一般无二，只是有不同的物理常量（见第 17 章），或者如基于超弦理论而产生的不同派别的定律，它们都有确定但不绝对的起源时间。在量子物理中，动力因悬而待决，由量子涨落产生的多重宇宙也许会有起始，但无原因，即如果我们认为起始就是有原因的开端，那么也许多重宇宙就没有起始。

▶▷ 宇宙进化和物质起源

现代宇宙学描述物质的形成和进化。随着宇宙的扩张，它的温度随之下降，宇宙所包含的物质也会随之相应改变。宇宙物质和宇宙演变之间的关联使关于基本粒子的物理学和宇宙学汇流。

在最初的几个阶段，宇宙基本由扩张的辐射构成，这意味着绝对温度除以宇宙半径或标度因子的商是恒定的。将这一关系代入爱因斯坦方程式中，就可以知道宇宙在某一时刻的半径或标度因子以及宇宙温度。将绝对温度理解为粒子的平均动能，这样我们可以为每个能量值设定一个时间。因此，随着我们用越来越全能的粒子加速器，逐渐探索巨大能量的撞击，我们就会得到越来越接近宇宙起源的时间。正是这一温度与时间的理论关系使我们可以给原始宇宙的许多瞬间赋予时间值，而不需要凭借任何一种人类想象可及的时钟。假如根据这一假设，更改能量与温度的关系，或是能量与浓度的关系，那么所确定的原始宇宙时间值也许会和我们现在赋予的时间值完全不同。

粗略地看，宇宙进化如下所述。最初，宇宙应该是由辐射与各种质量的粒子的混合构成的。当宇宙冷却之后，夸克就会三三两两结队以形成强子。当温度继续下降，绝大多数的强子慢慢消失，只留下那些生命最长的，即质子和中子，它们慢慢集结成轻质量的原子核——氢、氘、氦和锂。当宇宙有 3 分钟之久时，达到了最简构成，由氢构成其 75% 的质量，还有氦和些许锂和氘。

当温度持续下降至约 3000℃ 时，宇宙那时约 38 万岁，电子和正原子核慢慢形成中性原子；从这一刻开始，辐射不再作用于物质，星系开始形成。在行星上慢慢产生了比氦还重的、以前未存在过的原子核，并在行星爆炸的时候被抛送到空间中，使一些第二代、第三代行星可以被由这些物质所组成的行星陪伴。综上所述，核心思想是宇宙所包含的物质随着历史而改变，并且时间中充满了物质。

▶▷　宇宙的未来

　　将宇宙视为动态的观点使我们不禁自问时间的起源，也让我们对宇宙的未来产生疑问：宇宙是否有未来？它会永远存在下去吗？在许多文化中都有世界末日这一概念：犹太教、基督教、伊斯兰教，还有阿兹特克和印度的宇宙学传统，甚至也出现在经典唯物主义中。因此，在公元前 1 世纪，拉丁语诗人卢克莱修在《物性论》中写道："在维持了许久之后，世界的庞大机器终将沉没。我不知未来这天与地的湮灭会给灵魂带来多大的意外与冲击……"我们可以在圣约翰的《启示录》中找到对世界末日想象的详细描述，在希伯来文化传统中的一些关于世界末日的文章中也能找到：如行星陨落一般的巨大天灾，如重大地震和火山爆发一般的地质灾难，还有毁灭世界的饥荒、战争、瘟疫和死亡——即《启示录》中的"末日四骑士"。

　　宇宙许久之后的命运取决于它的扩张节奏和物质密度。引力吸引制动膨胀，密度越大这一制动作用就越大。如此，宇宙密度若低于临界值，即每立方米约 3 个氢原子核，那么它就会继续无限扩张或者冷却；如若宇宙密度高于这个临界值，那么宇宙就会达到最长半径，然后重新崩坍并加热。我们所了解的合适的粒子密度比临界密度低很多，但是猜想中的暗物质似乎将宇宙安排在这两种现象的分界线上。

1998 年的观测结果令人惊奇地指出宇宙膨胀并未停止过，反而正在加速，这是由于某个名为暗能量的成分，它并不起到吸引作用，而是起到排斥作用。因此，宇宙似乎注定是可持久存在的，只是越来越广阔无垠，也越来越空旷和寒冷，当然我们谈及的寒冷指的是宇宙辐射的温度，但暗能量的温度也许会随着扩张而增加，但不会降低。在这种情况下，星系会飞速地远离，以致在各个星系上可观测的宇宙变得越来越空旷。

然而，有可能当宇宙达到一定的稀疏状态时，我们之前提到过的虚空的一些量子不稳定性会使一些区域迅速膨胀，从而诞生新的宇宙。抑或这一暗能量的扩张能力超过一定的临界值，它产生的排斥力远远超过引力吸引，那么宇宙在有限的时间内就会被撕裂成上亿块小的碎片，最终变为次原子粒子尘埃，这一情形下的能量被称为幻能量（或鬼能量）。

对于一个先扩张后重新收缩的宇宙来说，时间是有限的。这一想法令人着迷：在一个巅峰时刻的两边时间对称的宇宙历史中，时间既有起点又有终点。从某种程度上来说，这种观点早已被一些新柏拉图主义思想家预测到了。他们认为，宇宙由造物主所创造，在持续一定的有限时间后，又会被重新收归于造物主。这些思想家必然没有关于宇宙是持续动态的概念，而是认为活力受限于创造时期与终结时期；这个宇宙有需要完成的使命，而一旦完成使命就会消失。关于这个永久膨胀、并且膨胀越来越迅速的宇宙的想法并不优美，而是更令人费解，但是观测者的个人喜好自然不应该影响他研究工作的客观性。

▶▷ 我们的宇宙之前存在其他宇宙吗？

普朗克卫星的探测数据（2013）使我们可以细化先前哈勃空间望远镜的探测数据（2005），它将宇宙的年龄定为约 138 亿岁，而哈勃空间望远镜则少测算了约 1 亿年。但这一时间指的是大爆炸之后的时间，即从我们宇宙的最重要的时间点直到今日，而不是宇宙整体的时间。也许在我们的宇宙产生之前还有其他的宇宙。一个世纪的物理宇宙学的发展，并未给予"宇宙是永恒的吗？"这个哲学问题明确的答案。确定宇宙的年龄不曾是哲学主题，但询问宇宙是否有起始则是一个哲学主题。当代物理学告知我们宇宙有一个起始事件，但未解释是否这一事件意味着所有物理现实的起始。

在膨胀之后收缩的宇宙模型中，宇宙在完全崩塌之前很有可能发生反弹，从而产生新的宇宙。据此，假如这个新的宇宙与之前的宇宙一样，那么我们就可能拥有一个循环的时间，或者假如这个新的宇宙有着不同的物理常数，那么就会是另一番天地。另一种可能性是，在一个正在膨胀的宇宙中，其中一些量子涨落产生新的宇宙，就如同混沌膨胀模型中所示。

根据最近的理论分析，假如我们能够分析宇宙在起始阶段产生的引力波，我们也许就可以区别这两种可能性，即是前宇宙的反弹还是膨胀中的局域性量子涨落。我们从电磁辐射中，即微波背景辐射中所能取得的信息局限于中性原子形成之后的时刻。在

图 9.1　普朗克卫星的探测所得的宇宙微波背景辐射温度谱（2013）
注：那些颜色较明显的点对应密度高的区域，它们起到最原始星系的聚合中心的作用。

中性原子形成之前的物质处于离子化状态并且像雾一般发散辐射，这妨碍了对这些信息的探测。相反，那些在时空中持续摇摆的引力波（虽被爱因斯坦理论预测到但仍未被直接观测到），也许能够提供更原始时期的信息。尤其是它们允许我们测定宇宙的起始状态究竟是如膨胀模型中一样稀疏，还是如在反弹模型中那样高密度。

　　一些作家甚至提出宇宙如生命体一般，是可以自行繁殖的。假如因为量子作用，物质在到达奇点之前反弹且在扩张的空间中产生一个不处于我们所在空间的新宇宙，并且它的物理常数相对于起始宇宙有些微小的、随机的变化，那么这一繁殖就可能发生在黑洞中。这个想法的创始人斯莫林认为，宇宙的繁殖节奏取决于它产生行星和黑洞的能力，这使越来越多的如我们的宇宙一般的宇宙诞生，它们足以产生行星并且承载生命。

▶▷　宇宙中生命的完结

除了宇宙末日之外，对于我们而言，时间的尽头就是地球的末日。太阳系起始于约 50 亿年前，并且还将持续约 50 亿年之久。50 亿年之后，它的氢燃料将耗尽，并完全转换为氦，然后在很短的时间内浓缩并在引力的作用下加热到氦核聚变，释放比氢聚变更高的能量。那时太阳将会膨胀，吞噬水星和金星，它散发的巨大热量，会使地球上的岩石融化、生命毁灭。事实上，生命在此很久之前就会灭绝，约在 35 亿年之内，太阳温度的升高会使海洋、河流及湖泊中的水蒸发殆尽。

另一些终结地球上生命的方式或许是地球附近的超新星的爆炸，这一情形发生的可能性较低，也或许是大型陨石撞击地球。这些撞击释放的能量很高：在 1994 年，休梅克—利维 9 号彗星撞击木星，释放的能量约等于广岛原子弹爆炸的 6 亿倍。约 6500 万年之前，一个直径约为 15 千米的陨石撞击地球，产生了不计其数的地震、海啸和火山爆发，大气中飘浮着大量的尘埃，在一段时间内阻碍了阳光到达地面，造成了恐龙及其他很多物种的灭绝。事实上，每年约有 500 个超过 0.5 千克的陨石坠落在地球上；平均每 1 万年，就会有直径约为 200 米的陨石坠落地球；每 100 万年，就会有直径约 2000 米的陨石撞击地球；每 1 亿年，就会有一个直径约 1 万米的陨石撞击地球。后面的这些大直径的陨石可能会造成大规模的灭绝，就如我们之前提到的一样。在 1937 年仅仅

6 小时之差，地球避免了与直径约为 1500 米的小行星赫尔墨斯撞击；在 1976 年，只有 12 个小时之差，地球避免了与一颗直径大于 500 米的小行星相撞。在之后可能发生的危机中，我们可以提到 2019 年 2 月 1 日有百万分之四的可能性发生陨石撞击；在 2049 年 8 月 31 日有十万分之一的可能性发生陨石撞击。

从理论上设想一下，假如我们移民到一个更年轻的行星，就可以永存吗？回答是否定的：在这一设想的旅行中，我们行至一个比我们的星球更年轻且具备一个合适的行星系统的行星（显然，若是没有一个合适的行星系统，我们就不可能解决任何问题），这兴许能够将生命的存在延长约 30 亿年，但是这颗行星最终也会到达终结它所承载生命的境地。到那时就需要移民到另一个行星上。但是，新的行星的形成节奏随着星系的老化而减弱。事实上，随着时间的流逝和行星的形成，质量小的化学元素会变得更重，氢和氦的成分将减少而质量更大的元素将增加。但是，质量大的元素比质量小的元素更难以形成行星。因此，在约 600 亿或 700 亿年之内，在宇宙的任何地方都不可能再有生命留存。

尽管如我们所知的一般，生命终将消失，一些人造生命是否可以延续下去，比如，可抗极低温、能够自我繁殖并且无休止地计算的电脑？事实上，假如宇宙的膨胀越来越慢，这一可能是可以变成现实的，但既然暗能量似乎是存在的，那么宇宙膨胀就会越来越快，这些人造生命也终将灭绝。

▶▷　时间与信息

为了更直观地理解人类寿命和宇宙寿命的巨大差异，人们经常会提到一个比喻：假如我们将宇宙史写成一部 14 卷的史书，每一卷以 10 亿年为时间跨度，生命就只能出现在最后一卷的末尾两三行。然而，假如我们关注每一卷所包含的内容，那么这种线性的时间观点就会被彻底改变。既然在宇宙开始的前 3 分钟发生了许多事件，这些事件包含多种相互作用之间均衡的破坏，比如质子、反质子和电子、反电子的消亡，形成氢、氦原子核的核反应等，因此描述宇宙最初 3 分钟的需求远高于对这 3 分钟之后到宇宙 30 万岁这一发展阶段的描述，况且在这第二个漫长的时间间隔中只发生了宇宙的膨胀与冷却，并没有具有重大意义的事件。

同理，描述生命历史的信息量也可能占据这一假想书卷的一大部分，因为它包含了许多极其复杂的新事物，包括最早具有自我繁殖能力分子的形成、基因序列的起源、最早的细胞的形成、进化机制、神经元和大脑的形成、人类的演化等。因此，从这个意义上来说，生命比它在线性时间意义上有着更大的重要性。相似的情况我们在家庭相册中也能找到：有一些值得大量拍摄的非常重要的时刻，比如童年和节庆活动；也有另一些单调的、向来都不会被过多地描绘的时刻。假如我们根据时钟来描述时间，所有的瞬间都是一模一样的；假如我们将每一个瞬间都放入我们的生命体验中，我们就可以区分出一些产生重要影响的时刻，和许多无关紧要的常规时刻。

10. 热力学：时间之箭

当我们放映一部电影时，是什么让我们知道在向前放映还是在向后放映呢？假如人们后退着行进，或是假如物体不往下落，反而向上弹跳，那么我们就能知道电影在倒带。但是，假如我们只能见到一个钟摆振荡、风吹草动或是树叶摇曳，我们就无法得知影片是在回放还是在向前放映。因此，时间的一些特性有方向性，而另一些则没有。除了摩擦力公式以外的那些力学方程式不会因时间的反演而改变，也就是说，无论时间向前走还是向后退，这些方程式都是不变的。相反，在我们的日常生活中，我们习惯于单向的进程，比如热接触的两个物体温度会趋同，且不会有相反的过程；易碎的物品掉落地面会摔得粉碎，且不会自发修复或从地面跳回手中；我们总是日渐老去，而不会越来越年轻。最初的几个动作无法使我们辨别电影的播放顺序；但是接下来的动作则可以，我们就称这种"动作"为时间之箭。

▶▷ 时间之箭

埃丁顿于 1940 年首先提出时间之箭的概念。物理学呈现了许多种时间之箭，其中之一就是宇宙学的时间之箭：随着宇宙的扩张，它不断下降的温度和不断增大的体积铸造了整个宇宙的时间之箭，这使我们得以为发生在宇宙层面的事件制定顺序。此外，还有很多其他的时间之箭，其中最重要也最显著的是热力学所铸就的时间之箭，对此我们之后会详述，但是物理学还铸造了其他两支时间之箭：电磁学的时间之箭和微观物理学的时间之箭。提出电磁学的时间之箭是由于微粒发射球面波比球面波以完美的对称性汇聚于微粒更具可能性，因为要完成后者，需要许多远距离发射器向该微粒精确同步和指引球面波反射；事实上，这不仅体现在电磁波上，还体现在任意波的形式上，就好像我们向池塘扔石子所制造的水波一样。微观物理学的时间之箭则不那么常见；在微观物理学世界中，所有的过程都是可逆的，除了一个过程是特殊的，与因时间反演而产生的中性介子的微粒在分裂过程中对称性的破坏相关，我们在第 18 章中再做探讨。

▶▷　能量守恒

　　热力学起始于 18 世纪，它研究的是热量和热力机械做功的关系，还研究气体的性质。之后热力学的研究领域慢慢扩展，因此总的来说，热力学研究任意能量转化，比如电能和化学能、化学能和机械能、风能和电能，还有电能和光能等。热力学还研究系统的宏观性质如何随温度而变化，比如物质加热、膨胀、融化、蒸发、燃烧，或吸热后消磁。

　　热力学基于两个基本定律，其中一个是能量守恒定律，这也是物理学中最广为流传的定律之一，"能量不会被创造或毁灭，只会转化"。能量可以有多种表现方式：动能、引力、弹力、电力、磁力、热力、化学能、核能、辐射能和代谢能量等。也有许多处理能量的方式和基于能量获取有用功的方式：通过燃料、电子或机械发动机，热力、核、水电、风力、光伏发电站和氢电池等。事实上，这些能源形式的很大一部分最终都来源于太阳能，它产生风、浪和洋流，使水蒸发随之产生云雨，通过光合作用帮助生物量的形成，还有助于被掩埋的远古森林变成化石燃料。此外，太阳能还足以加热液体和气体，并给予它们压强使之用于转动涡轮……

当下，一些与能量相关的问题是化石燃料的减少，风能、光伏能和太阳能等可持续能源的发展，以及为了在合适的时机、地点能够使用的能量储存装置，例如蓄电池和电池等。当然还有其他问题，其中政治和军事问题尤为突出，我们在此并不涉猎，但是这些问题经常严重恶化能量供给的能力。

能量是否可用是对当今社会有重要影响的因素之一，消耗和取得能量的节奏的不同对于人类文明的延续和我们的生活模式都至关重要。因此，关于燃料和能源的争论一直都很激烈，并且意识形态上的因素往往会比纯技术的因素引起更大的争议，这是可以理解的，因为这当中涉及风险因素、政治因素和生活哲学因素。

时间因素在能量处理的过程中是十分重要的。比如，当下关注的问题是发展电动汽车，以摆脱过度依赖石油的困境。随之引

发了一系列的问题，其中之一就是能量的储备：给油箱加满油只
需要三四分钟，但是给电池充满电则需要好几个小时。人们已经
着手研究如何合理降低电池充电时间，以及如何增加它的蓄电能
力从而保障自主旅行。能量储蓄的问题也反映在对太阳能和风能
的储存上，因为想要在最需要的时候能够获取太阳或风是无法保
证的。

▶▷　**能量降级**

　　能量是守恒的，但能量并不能随意交换：比如在一个孤立系
统中，热量只能从高温物体传导到低温物体。这一观测结果如同
其他许多结果一样，可以推导出热力学第二定律，由鲁道夫·克
劳修斯和开尔文男爵——威廉·汤姆森于 1850 年提出。这一定律
表明能量虽然在数值上守恒，但在品质上却是降级的。因此，如
果我们有一个高温热源和低温热源，我们就可以利用它们来运作
热力机械并且获得功。相反，如果两个热源都有相同的温度，我
们就无法获得功。能量降级的概念对于理解能源危机是至关重要
的，而假如我们单纯地从能量守恒来看，能源危机这一概念就会
缺乏意义。问题的关键是，在我们消耗了燃料之后，虽然世界上
的能量与我们消耗之前仍然是一样多的，但是能量却转化成了更
难利用的形式，并且变得更分散了。

　　第二定律根据克劳修斯于 1865 年定义的熵增加原理，取得
了量化的公式。根据熵增加原理，在一个孤立系统中，熵只能增

加或保持恒定，但不会减少。熵增加得越多，能量降级得越多。熵是排列系列事件的态函数，熵还确立了时间之箭。熵增所描述的不可逆性使得人们谈及宇宙的热死亡，在这一情形下，行星将会熄灭、温度将会统一，生命存在的可能性变为零。热死亡的概念在 19 世纪末 20 世纪初的思想界引起了很大的反响，比如米格尔·德·乌纳穆诺在《生命的悲剧意识》中写道："熵是最后的大一统，是完美的平衡态。对于生命之苦痛灵魂，这是能发生的最大的虚无。"事实上，热死亡终结了人类的生命地平线——而这一生命地平线暂不会因为太阳的熄灭而完结，但却会因太阳将来越来越白热化的膨胀而完结。

▶▷　熵与无序

路德维希·玻尔兹曼于 1872 年以分子的无序性来定义熵，是对熵的解释的另一个重大里程碑。例如在一块晶体中，微粒形成有序的网，它的熵值低；而在气体中，分子随机运动，那么它的熵值就高。无序性的测量是通过测量微观状态数来实现的，微观态即分子总体的微观配置，与系统的宏观态是相容的，而宏观态则是由少数几个可直接观测的参数定义的，如体积、压力和温度。熵的微观释义引起了科学界对于两个概念的大辩论：为什么生物结构更倾向于有组织性，如何使热力学时间的不可逆性和微观时间的可逆性相兼容。我们可以象征性地将这些争辩相继归于玻尔兹曼与达尔文、玻尔兹曼和牛顿的争论。

　　热力学对于无序性增加的肯定，几乎与进化论同时形成，却与之相左，比如相悖于对胚胎发育的观测结果，进化论确证了生物器官的结构随着时间的延长而增加，同时其秩序随着时间的延长而增长。这一差异被认为是生物系统不遵循物理定律的指标。之后人们开始认为生物系统如果是开放的话，就可以减少系统中的熵，并在系统外产生足够多的熵来弥补内部的减少。这就是发生在生命体上的：消耗由长分子构成的食物，并且排泄由短分子构成的废物，在环境中产生大量的无序性，即造成熵的增加。

　　在 20 世纪的后半期，人们开始理解在非平衡态体系中秩序是如何产生的。艾伦·图林关于生物化学系统中形态生成的研究成果强调了趋向于增加不均匀的结构因子与均匀性因子的竞争，前者包括化学自催化反应，某种化学物种越密集，化学自催化反应的节奏就越快，而后者包括扩散，它使得物质从高密度区转移到低密度区。在非平衡态中，结构因子超过稳定因子，而系统被自发性地排列。

▶▷　可逆性与不可逆性的矛盾

　　可逆性与不可逆性的矛盾在于，热力学第二定律描述的是不可逆的过程，然而构成热力学系统的微粒运动是由力学可逆性方程式描述的。这两种矛盾的表现如何共存呢？有什么方法能够使可逆性和不可逆性和谐共处呢？

　　当玻尔兹曼证明了理想气体中速度分布的某个函数增加——

所谓的 H 定理，他认为自己在力学可逆性的基础上，证明了热力学的不可逆性。但是，这一幻想并未持续多久：洛施密特使人们意识到，基于力学的方法无法得到不可逆性方程式，因为如果使分子的速度反向，我们就会回到最初的境地。玻尔兹曼不得不承认在他的验证中破坏了时间对称的只是一个统计学假设，而并不是严格力学范畴的，这看上去无伤大雅，但却是关键所在。在 20世纪初期，策梅洛基于庞加莱定理，提出了另一个悖理，而庞加莱定理设定一个具有有限能量的有限系统迟早会回归到尽可能接近起始状态的微观状态。这一定律是永恒回归的数学版本：事物或早或晚会重复的。策梅洛使大家注意到，这一定律反对在有限系统中严格的不可逆性。然而玻尔兹曼计算了 1 立方厘米气体回到微观起始条件时所需要的时间，并发现这需要几十亿年之久，因此可知这反对实际上是微不足道的。

19 世纪末和几乎整个 20 世纪的物理学都认为微观可逆性是最根本的现实，且由于系统中存在大量的微粒，宏观不可逆性只是统计学假想。然而，受到决定性混沌理论的影响，普利高津在1980 年左右为反面观点进行了辩护：尽管力学公式具有可逆性，但微观可逆性只是幻想，因为在只有三个微粒的混沌系统中，一旦超越可预测的时间范围，我们就无法做出有效预测，我们也无法恢复过去的条件。微观短暂可逆性实际上只是方程式的对称，但在很多情况下都不是方程式结果的对称。因此，可逆性或不可逆性取决于观察时间和可预测的时间范围之间的关系：假如观察时间比起可预测时间范围短很多，那么系统进化是不可逆的；如若相反，则是可逆的。这两种情况不是完全的对抗关系，而是与预测不准确性的持续增加相对应。

▶▷ 经济学和生物学中的时间：功率与效率

伴随着人们的时间体验而产生的主流感受中，对于快速、短期和即刻的兴趣尤为突出，这反映在科技、生物、心理领域中效率与功率之间的张力。热力学的一个经典成果就是热力机械的效率最大化，它们将热能转为功，就拿蒸汽机来说，它在 19 世纪改变了整个世界的经济。

热力机械的效率是机器做的功和所需提供的热能商数，当然这一效率的定义是纯物理学的；从经济学的角度来看，也需要考虑功的售卖价格和燃料的采购价格。根据萨迪·卡诺于 1824 年获得的结果——这同时也是热力学的基础成果之一——任何热力机械只有在慢慢反向运作时，效率才可以达到最大化。

那么，因为要使一个热能转化过程成为可逆的，就必然需要热机以实际为零的速度运作，所以一个反向运作的机器没有功率。然而在实际中，我们需要在有限时间内制造功，那么机器当然需要以有限速度运作。由此就会产生效率与功率的悖论：为了获得高效率，就需要缓慢工作；而为了取得较大的功率，就需要快速工作。什么是最佳方案？这一剑拔弩张的态势使人们开始思考在经济学和生态学中关于时间价值的问题。

生态学有意将效率最大化，也就是说，最大化地利用燃料和减少废弃物，但这意味着一个缓慢的过程，或者说，时间的价值微乎其微。经济学有意将功率最大化，即在最短的时间内实现功的最大化，所以赋予了时间很大的价值。事实情况也取决于燃料和产品的价格：假如燃料昂贵并且产品的售价不高的话，就需要最大化地利用燃料，并且将效率放在首要位置。在相反的情况下，当我们能始终保证以高价出售商品时，就可以接受降低效率。

根据卡诺的观点，可逆性热机的最大效率是 1 减去低温热源绝对温度与高温热源的绝对温度之比。据此，假如一个机器吸收 400 开尔文的热量，传导 300 开尔文，那么最大效率是 25%。没有任何科技进步可以使机器的效率超过这个值，除非我们增大高温热源的温度并减少低温热源的温度。以最大功率运作的热机效率是 1 减去热源绝对温度商数的平方根。在我们所探讨的这一情况中，效率为 14%，低于功率为零时 25% 的效率。因此，假如和卡诺效率相比，一个人就可能否定在以上提到的温度区间内效率仅为 13% 的热电站，而一旦这个人了解了最大功率的效率是 14%，就会觉得这一效率是可以理解的。所以时间对于效率的实际判断有着很重要的影响。

然而，在经济学和生态学中的时间远比我们刚才提及的更为微妙。在生态学中，效率与功率之间已然呈现出了紧张态势。比如在有机体的繁殖过程中有两种策略：一些物种生产很多幼仔，但是它们都很脆弱；另一些物种生产很少的幼仔，但是存活率却很高。第一种策略使得功率最大化；第二种策略使得效率最大化。另一个体现效率与功率之间矛盾关系的例子在于有机体中的能量经营：在休憩时，有机体将效率最大化；相反，在狩猎或逃避狩猎者时，则希望将功率最大化。如此我们可以看出，对于一个个体，时间的相对值可以根据情况而变：为了拯救生命于水火，时间的价值最高；在一些令人舒心愉悦的情况下，比如欣赏一个著名乐团的演出，观看势均力敌的体育争冠赛，或与倾心相悦的人的约会，或创作一幅磅礴的艺术作品，这些行为最终的产出如此之大，使等待的时间成本变成其次。同理，在经济学中，时间的地位也十分微妙。比如，长期税率一般都比短期的税率值高；在股市中，长期操作与短期操作有着不同的诱惑和危险。经济学范畴中的时间因素十分复杂，比如未来期货市场与时间的关系。

综上所述，使生态和经济标准和谐一致，是我们这个时代的一大主题，但却因为各种因素而变得极为复杂。在这里我们也看到了时间被赋予的价值在这一问题上有着重要的影响：我们完成工作所需要的时间越少，完成这项工作就需要花费越多的能量。而追求功率、速度和迅捷的短期效应，就意味着原材料的大量浪费和废弃物的大量增加。从这个意义上来说，也许一个更为守静的文化能够更细致地利用它的资源。

11. 时间之繁茂与谜团

基于晶体振荡、原子核的振荡或辐射衰减的新的时间测量系统，人类触及了更广范围的时间：从几皮秒到几十亿年，这些时间值肆意挑战了人们对时间的主观认识。尽管如此，关于时间的科学画卷，包括决定论、相对论、起源与终结，可逆性与不可逆性，虽然赋予了时间更清晰明了的意义，但这些阐释从来都不是全新的概念，而是建立在先前哲学家和神学家的直觉与阐释之上。

▶▷ **在过去与未来之间**

牛顿决定论似乎排除了所有目的性，但不应该忘记的是那些起始条件是自由的，且这些自由的起始条件也许与一些通过过程来实现的目标相关联。比如，牛顿定律根据起始位置和速度来确定导弹的路径，但操控人可以是一个炮兵，他的目标是射中某一确定的靶子，且利用力学预测来提高准确性。所以，宇宙的起始条件是很有意思的议题：从宇宙决定论的观点出发，不排除这些起始条件是基于一些具体的目的而被选中的。

事实上，在牛顿力学中，系统的路径可能取决于过去和未来影响的合力。这一可能性可以在变分公式中具体表现出来。在这些公式中，人们指定运动的起始与结束位置，并且要求找到从起始到结束的运动路径。这就是我们在上段提到的炮兵所遇到的难题。一个确定这一路径的方法就是通过整体的测量来确定各种可能路径的特征，比如作用量积分，即动能减去势能。哈密顿的最小作用量原理证明系统遵循的路径是总作用量最小的路线。那么过去和未来都对它们之间的路径有决定性作用。但是，在起始条件，即位置与速度已知的情况下，我们对于系统的起始状态有着全面的认识，而在现在提到的情况中我们只有起始与结束状态的部分认知。从经验出发，认为生活是由过去的一些重要方面和未来的一些重要目标而决定的想法，比认为生活是由时间整体——时间重要和不重要的所有方面——所决定的这一想法更为确切。

力学定律和电磁定律没有目的性，这一事实并不排除这些定律能被用于某些目的：炮弹射中目标、设计更快速的汽车或火车、将人造卫星送上轨道、发送电台或电视节目、通过移动电话进行对话等。力学和电磁学似乎没有目的性，但是如果从更复杂而高远的视角来考量，并不排除事实上宇宙具有目的性这一可能性。关于目标性和研究具体目标的意识业已成为科学技术探索的第一推动力。从这一层面看，某些已经设定的未来的目标，有助于研究那些没有明显目的性的定律。

▶▷ 自由是镜花水月吗？

经典物理的决定论与自由这一概念并不兼容。事实上，假如我们被完全地规划好了，那就没有自由而言了。然而，有人也许会为对自由的体验是否如同现实理论一般真实有效而辩护。事实上，大脑在 10 分钟内的任意运作都需要超级计算机工作数个月，假如我们以此来衡量大脑复杂性的话，就将无法真正分辨出我们是否自由地做了决定，抑或我们究竟是自由的还是被生物化学机制所支配的。

另外，虽然看上去像是悖论，自由的信念对于决定论定律的经验性证明是不可或缺的。我们在这里指的并不是用来保障实验完成的政治自由和社会自由，而是更一般性的自由概念。为了确保我们的实验真实地提供充分反映现实的信息，我们应该在任意时刻都可以完成这些实验。假如我们只有在依照定律时才能够完成实验，但在没有依照定律时就无法完成实验，那么也许我们会认为永远正确的物理定律实际上只在部分时间内存在。

量子力学驳斥了牛顿的决定论，它揭示了决定论性的微观世界，但同时它也受到了决定性混沌理论的驳斥，决定性混沌理论即使没有否认决定论也限制了其可预测性。这些观念与人类自由和责任之间本没有直接关系，但是一些学者已然认为自由可以源自被大脑动力复杂性扩大化的神经递质层面的量子不确定性。那么，自由与决定性和随机性都相去甚远，所以这一阐释，虽然在某些方面很吸引人，但也差强人意。另外，决定论或不可预测性构筑了责任的两极：一个个体如果被强制去完成一些行为，那么他就不会对他的行为负责，但是假如这些行为的后果他无法预测，那么他同时也不会为行为负责。

▶▷　历　史

　　奇异吸引子成功替代了历史更迭的摆荡隐喻，在摆荡隐喻中，历史总是在理性与情感、权威与混乱、革命与重建的两极间摇摆。传统的单摆总是在一个常规重复的过程中回到相同的状态，与之不同的奇异吸引子可以绕着两个引力极旋转，但是不会准确重复这些状态，也不会呈现任何周期性。就如气象中高气压和低气压天气的不常规更替，和平年代和战争年代的更替，或者任何相反的倾向。总而言之，奇异吸引子的运动似乎比常规重复更难以预测。

　　关于对神学的影响方面，我们可以说假如惯性原则意味着上帝远离了这个世界，那么在决定性混沌理论中，观测者不能像牛顿力学的钟表匠类比中的钟表匠那样可以置身事外，观测者必须参与到系统中，因为如若不参与，他就会迅速地丢失系统信息。量子不确定性和混沌扩大化意味着对世界的持续关注，这样的世界与经典决定论中自我封闭、自我放逐的世界不同。另一些神学观点的树立则基于观测者对于时间的依赖："对于主来说，千年为一日。"赞美诗中提到：神的时间与人类的时间不同，神的时间是宇宙层面的，更为准确，因为上帝在时间之外；所以，很多神学家将创造宇宙的六天时间解释为六个大的阶段。

▶ ▷　时间是幻象吗？

力学的可逆性与热力学不可逆性的矛盾引出关于时间是不是真实的争论。时间是真正单向的流逝，还是因我们自身局限而产生的一个幻象？对于柏拉图来说，最真实的时间也许是永恒，但是我们却将永恒视为时间的不完美形式。在力学传统中，与微观世界相一致，最深层的时间也许是可逆的；而在热力学中，真实时间是不可逆的，可逆的时间只是对一些不产生摩擦的场景推断。

人类活动节奏的加快应与自然界中的一些节奏相协调，比如食物的生产、饮用水的更新循环，能量返还地球的节奏，或从我们积累的能量储备中提取能量的节奏。如果人类活动的节奏超越了上述提到的这些节奏，必然会引起矛盾。热力学也许能够帮助我们从经济学和生态学的角度来思考时间的价值，同时也能帮助我们思考动力与效率之间的制约关系。尝试将生态学的观点引入经济学，并从这一视角来反思是绝对有必要的。

第二部分
记　忆

"时"间是永恒的移动画面"，柏拉图曾如此描述过永恒与时间的关系。一本关于时间的书如若不讲述时间的否定面，不涉及对于永久与静止的探索，也不描述永恒之阴影以及对于永恒的追求，或者不探讨移动的瞬间与不变的永恒之间的关系，那么这本书就算不上完整。当我们集中注意力扪心自问，真实的自己到底是怎么样的、我们真正想要的是什么时，我们势必会去寻找世界以及我们自身最本质的东西，去寻找我们自己的生活及周边、那些定义我们并且让我们一直想要保全和理解的东西。巴门尼德将他的哲学围绕"静止"这一中心来展开，圣奥古斯丁将灵魂与记忆相关联，还有每个民族都在历史中搜寻他们的民族个性以及将他们推向未来的动力，这些林林总总的现象都不足为奇。

　　构成我们本身的不仅仅是身体和眼下的活动，也不仅仅是当下的自我，还有我们重要的一段段回忆和一个个场景，以至于这些场景也许已被遗忘，但却对我们的现时状态具有决定性的影响。当我们想要理解这个世界时，也有所类似：我们确知世界的流动性和多样性，但我们也意识到在这些特性背后，这个世界有着许多重复与恒定的模式。我们热爱事物稍纵即逝的独特魅力，但也热爱事物之间的相辅相成。我们希望盘剥每分每秒，但偶尔也希望每一刻都能结晶、停滞，变成永恒。我们开始进行神圣或世俗的、私人或公共的、个体或集体的、渺小或庄严的仪式重复，以此来接近令人心安的不变的常态。因此，科学钟情于搜寻大千世界背后的那些最恒久和最普遍的事物，这不仅不使我们觉得意外，反而让我们觉得自然而然，这种科学兴趣深层地构筑了我们人类。此书后一部分的目的在于探讨科学对于永恒与记忆的寻觅，并且考察科学如何描述它们的表现、可能与疑问。

　　但我们无须将记忆想象成是静止的：记忆是动态的且充满活力，是逆着时间赛跑来寻找族系和缘起，是为了它的解析与遗忘而展开的一场战役；记忆被书写、被改写、被抹除、被镌刻，又被重新唤起。如果我们不理解记忆，就无法理解时间，但时间与记忆并不是相反的两极，或是不可协调的现实，而是一个深层相互交织的整体。

　　哲学和心理学都对记忆能力多有探讨：我们已经提过圣奥古斯丁，他发现记忆中蕴含了灵魂；莱布尼茨和柏格森也在记忆中看到了自我认知的关键；相反，其他一些像尼采那样的思想家，认为记忆如此沉重，假如不遗忘的话，人类也许就无法生存：事实上，记忆中有悔恨、愤懑，也有贪婪吞噬生活的、使新生事物夭折的传统。并不是一切记忆都是美好的，有时候我们需要摆脱它，逃离它的掌控、躲避它的负担：弗洛伊德的心理分析试图找到那些牵绊着我们生活的无意识的回忆并且帮助我们摆脱它们。记忆的缺失或是过多的记忆经常会成为文学主题：荷马的《奥德赛》中食莲之人的遗忘，还有在博尔赫斯的《富内斯，记忆者》中主角事无巨细的记忆，两者都是极端的案例，在遗忘的那一端，我们还能发现酒精和毒品给人们带来的剧烈的、蛮横的吸引力。"记忆"一词本身可以使现在与过去的回忆以及未来的计划融会贯通，可以使我们的生命越发重要，也可以使我们的生命超越此时此地。

很多思想家都质疑科学是否能使我们理解深层现实，他们还认为我们不应该把科学所描述的世界与灵魂本质奉为金科玉律。对于康德来说，科学向我们揭示了现象，但是科学却无法揭示世界的实质或者说"内在的东西"，而为了理解后者，我们或许更需要诗学。对于柏格森来说，普遍的概念形成和特殊的科学概念形成，会使人们忽略构成真实事物核心的本质；此外，概念的形成源于有限认知的不完善性，所以对于他来说，现实是即刻的感知，而人们无法直接理解现实则"正是一种我们智力上的可亲可爱之处，它使我们进入物体的内部，以找寻到它的唯一性和它无法言表的东西"。海德格尔惋惜现代科学对于存在的遗忘，抱着怀疑的态度看待科技，还批判时间并没有将死亡地平线纳入考量范围，因而缺乏权威性。雅斯贝斯认为，"人类存在的痛苦肇始于将科学方法所得的知识与存在本身相混淆，而那些无法用科学方法所得的知识即被认为是不存在的。科学变成了对科学的迷信。这一迷信穿着科学的外衣，裹挟着大堆的疯癫，而这疯症中却不存在科学、哲学和信仰"。

在书的这一部分，我们并不想使用科学来最终定义事物，而是想将现代的概貌作为反思的由头。科学注重那些可证的、重复的、普遍的事物，却抗拒物体、个体和经验的唯一性。本体学在竭力探寻存在本质的时候，有时也会如此。我们在此看到的一些永恒的体现，包括物理量、物理常数、遗传密码，它们相对抽象，更适合从具体的过程和独特的个体来着手研究。这些抽象问题的具体形式，包括基因组的运用和能源运用等，使我们思考一些赋予现世特征的道德问题和技术可能性。

声音储存、图像储存和越来越浓缩的信息储存技术，使记忆在这个以迅捷与危机为特征的年代备受青睐。但矛盾的是，随着储存的科技能力越来越强，我们藐视经典著作和宗教累积起来的知识，将自己安置在被无限扩张的现下，没有回忆的深度，也没有承诺的风险。

遗传、回忆与伤痛：生命的记忆

记忆，无限靠近最深层的个人体验，也无比接近我们自身问题重重的身份认定，它是我们内在的自我认定的一部分，同时也是我们行动与生存的资源之一，是我们的欲望之源头、计划之肇始。在一些年代，文化强调记忆的培养与发展；西塞罗的《演说家》就是这一现象的铁证：良好的记忆能力是演讲术的宝藏，在律师行业和政治生涯中也扮演着重要的角色。现代文化并不赋予记忆能力如此的重要性，也许是因为信息无止境的增长使人们备受挫折，也许是因为人们已然完全依赖信息技术提供的存储能力与查找能力。然而，失去现在，又不在回忆中重现、观察、品味那些我们业已吸收了的知识，可能会严重限制我们存在的深度与知识的创造性。柏拉图早已如此质疑过书写，他认为书写使人类减少用来记忆的努力，同样也使人们减少了对真正地、内在地吸收和掌握知识所做的努力。

但是这一生命、文化、神经元的记忆，也是最接近意识的记忆，并不是我们所拥有的唯一记忆。我们还有一种无意识的、纯物理性的，但是十分有效的记忆：物种的本能记忆和免疫记忆，这一免疫记忆识别自体细胞、对抗异体细胞，同时存储罹患疾病带来的记忆。遗传学向我们揭示了DNA中另一种记忆形式：物种的形体遗传，这使得现今的一条狗和棕榈树与其 3000 年前的祖先有着相似的面貌；还有每个细胞的基本信息，从胚胎的第一个细胞到机体分解过程中存活至最后的细胞（也许还不止于此，毕竟 DNA 有时在细胞死亡之后也会延续下去）。对于基因组的如火如荼并基于各种不同角度的研究，使得记忆的这种形式备受关注。

在这一部分我们会谈论神经元记忆、遗传记忆和免疫记忆，还有那些充满着未知的关联关系。基因遗传对于智力和记忆能力在广度和极限上的作用是这一领域的研究界限之一。另外，神经系统和免疫系统的相互作用也许可以解释清楚心情对于身体健康的影响，也可以让我们更深地理解身体与心灵之间如此微妙和复杂的关系。

12. 遗传记忆：身份与遗传

在我们获取自我意识和最初的记忆以前，属于人类这一特定物种以及生来与父母相像这两个事实早已部分地将我们设定。物种的记忆和家族的记忆深深地镌刻在我们的身体中。由此，让我们先从遗传开始谈起：遗传机制在20世纪以前一直是一个谜团，如今已经变成了科学、医学和社会学的技术与文化焦点。将DNA视为基因信息储存与传递的核心分子，这一判定早已跨越了专业性的沟壑，变成了20世纪和21世纪的代表性标志之一：双螺旋体现的美学和显而易见的基本机制，使得这一概念广为传播。之后，基因序列的发现和普及，遗传工程的发展与它在医学和生物学上光明的发展前景，再加上基因组计划的推动，使得DNA在人类的生活中经常成为主角。

▶▷ 走向基因之路

在好几个世纪中，遗传的研究都仅局限于优化农牧产品品种，这些研究缺乏科学深度并受限于谋求短期利益的实用主义。对遗传的系统研究由修道士格雷戈尔·门德尔于1850—1860年间展开。他的研究方法极具代表性：选择合适的系统——豌豆，选取便于观察的具体特征——颜色和有无皱纹等，还有严格的实验过程、清晰的假设和运用统计学方法的量化测试。他的观察结果证明多种遗传特征是从一个独立个体传到另一个个体，而个体与其说是统一的整体，不如说是各种特征的拼贴。

门德尔试图解释这个现象，提出基本遗传单位或者遗传因素，并从 1910 年起将其称为基因。门德尔于 1865 年发表他的成果，但是直到 1900 年才引起人们的重视。德·弗里斯、科伦斯和冯·切尔马克重新发现了门德尔的科学成果并且承认了门德尔的贡献。在 19 世纪末期，科学家们于即将进行分裂的细胞核中发现了染色体，但是仍未将它与遗传关联起来，直到他们发现染色体动力机制和一些物种的外形分化之间的相互关联性，这也使得萨顿和博韦里将染色体与门德尔发现的特征联系起来。在 20 世纪初，遗传学迅猛发展，变成了生物学中共通的研究领域。

自 1906 年起，托马斯·亨特·摩尔根和他在哥伦比亚大学（纽约）的合作者开始以黑腹果蝇为研究对象进行研究。黑腹果蝇有 4 对染色体，遗传特征明显——眼睛的颜色、头部及翅膀的形状。这一物种从那时开始就变成了遗传分析的首选。摩尔根和他的合作者证明基因和染色体是相互关联的。这一关联性的某些线索在于一些遗传特征和性染色体之间的关系，也在于一些遗传特征间的相互耦合。以此，实验证明不制造常见的红眼却制造白眼的基因遗传总是与 X 染色体相关联，却从不会与 Y 染色体相关联。而一些人类疾病包括色盲和血友病也与性染色体相关。

在 1920 年左右，摩尔根和他的团队成功定位并且编排了黑腹果蝇 4 对染色体上的约上百个基因，以此开启了 20 世纪"地图绘制"中最繁茂也最关键的基因地图绘制。1930 年之后，科学家们发现了果蝇唾液腺的巨大染色体，另外，显微镜的进步也使观察结果更为细致，保证了基因定位更高的精确性。在 1940 年左右，杜布赞斯基、迈尔和辛普森提出了所谓的综合进化学，将变异和基因的偶然组合归因于进化中必不可少的随机多样性，并以此推动了遗传和进化的会合。

▶▷ 基因与 DNA

对于基因化学性质的探寻使不同的研究方向发生了偶然而不稳定的关联。在 1890 年左右，科学家们发现了酶，即起到生物化学反应催化剂作用的蛋白质。20 世纪初，科学家们发现某些新陈代谢异常是由遗传定律决定的，且与一些酶的缺失有关系。在 1940 年左右，这些推断被广泛接受，科学家们将此总结为一条原则："一个酶，一个基因。"鉴于酶是蛋白质，而很多蛋白质都不止含有一个肽链，也就是氨基酸链，这一观念逐渐演变成："一个肽，一个基因。"在 1945 年左右，塔特姆和莱德伯格开始使用大肠杆菌来测试基因和细胞功能之间的关系，大肠杆菌是一种常见的肠道细菌，它的生命周期比苍蝇的更快速而短暂。通过这些有机体，科学家们最终认定 DNA（脱氧核糖核酸）和 RNA（核糖核酸）在生物遗传中起到决定性的作用。

DNA 大约在 1869 年被发现；在 1879 年和 1903 年之间，科学家们成功分离并且发现了组成 DNA 的碱基，即腺嘌呤、鸟嘌呤、胸腺嘧啶、胞嘧啶，这些碱基和糖以及磷酸盐共同构成了 DNA。埃弗里、赫尔希和蔡斯在 1944 年的实验结果证实了 DNA 携带遗传信息，沃森和克里克在 1953 年确定了 DNA 的双螺旋结构。这是一例结构与功能直接相关的典型案例，并且这一充满着几何美学的结构很快就被一些艺术家所吸收利用，尤其是萨尔瓦多·达利。事实上，在每一个螺旋上都有一条碱基链与另一个螺旋上的碱基链结合，这些碱基链是腺嘌呤（A）、鸟嘌呤（T）、胸腺嘧啶（G）和胞嘧啶（C），这样的结合是根据一条链的腺嘌呤始终与另一链的鸟嘌呤相连，一条链的胸腺嘧啶总是与另一条链的胞嘧啶相连；反之亦然。这也许体现了一个信息复制的机制：假如两个螺旋分开，在相应的酶的作用下，每个螺旋都能形成一个互补链，并根据互补规则来组合碱基。

以如此压缩、迷你的方式存储信息已然是一大壮举，如果我们考虑 DNA 具有带电性，而且在极短的长度内就展现了极其可观的秩序性，那么我们更会感到叹为观止。真核细胞的 DNA 以尽可能压缩的方式打包在染色质中，这些 DNA 缠绕在一些组蛋白周边，形成核小体，这些核小体集合而成染色体上的另一个螺旋。如此一来，这一螺旋形式，在许多不同的层级不断地被重复，构成了 DNA 这一具有决定意义的、象征性的分子空间的重要几何结构模型。

从 1953 年开始，分子生物学的研究发现令人目不暇接：转运核糖核酸，即将 3 个碱基与氨基酸在核糖体中混合的分子，蛋白质就是在核糖体中被生产出来的；DNA 聚合酶，它参与 DNA 的复制；信使核糖核酸，转录 DNA 基因信息的分子，并将信息运送至核糖体中，核糖体即生产蛋白质的场所；一些控制解读基因信息的机制决定了一些细胞是否解读某些特定的基因，这可以解释一个生物体细胞形式的多样性。以此，每个基因都是一个 DNA 片段，它含有一个或多个蛋白质的氨基酸信息，还含有一个调节基因解读的控制机制。

为了更直观地感受这一复杂性，我们应该了解基因并不是连续的组块，而是由意义不为人知的序列阻隔而形成的片段，这种序列被称为内含子，就好像是一篇文章被整页无意义的文字所阻隔。事实上，在哺乳动物身上只有 5% 的 DNA 碱基（遗传信息的字母）是属于某个基因的，而剩下的 95% 的 DNA 碱基直到现在科学家都未找出它们的意义。这与微生物有明显反差，在微生物身上几乎所有的 DNA 都与蛋白质编码相关。与编码无关的 DNA 的比例随着物种进化程度的变高而增大，并且这一比例也许与我们现在还未知的调节功能有些关联，也或许和存储在 DNA 中的多种变异失败结果相关。

另一能够体现基因与 DNA 复杂性的因素是遗传信息能够确定蛋白质的氨基酸列表，但是不能确定氨基酸的三维结构。而这些蛋白质如果要执行它们的生物功能，就需要有不同的具体形状。关于蛋白质正确折叠方式的问题很多，因为假如每个氨基酸链都随机试探各种设置，而每次尝试都需要花费 1/1000 秒，那么要形成一个具体形状就需要好几十亿年；然而，蛋白质折叠在几秒之内就能完成。在进化进程中被选择的氨基酸序列在极短的时间之内就被折叠；相反，氨基酸人工合成的随机序列的折叠则一般需要更长时间。

►▷　永恒的形式

在阐释完这些基本概念之后，我们将要探讨在生命活力背后的四种基因留存方式：遗传密码、基因、物种和个体，这四种方式以普遍性和时间宽度的降序排列。

►▷　遗传密码

基因中含有蛋白质的相关信息，这些信息以 DNA 碱基的"语言"被记录下来，这种语言由四种"字母"组成——A、T、G、C。我们应该了解这些信息是如何被翻译成"书写"蛋白质的氨基酸的"语言"的。因为存在 20 种氨基酸和 4 种碱基，所以需要 3 个碱基，即一个密码子来确定一个氨基酸。事实上，假如只有两个碱基组合，那就只能够确定 16 种氨基酸；相反，3 个碱基的组合有 64 种氨基酸，这足以确定参与组成蛋白质的 20 种氨基酸。

从 1960 年起科学家就开始对密码子进行识别，直到 1966 年才成功破译遗传密码，这些遗传密码编纂了每一种密码子对应何种氨基酸的生物字典。在 64 种可能的组合中，有 61 种密码子编码氨基酸；剩下的 3 种密码子（TAA、TAG 和 TGA）标志"阅读

CÓDIGO GENÉTICO

| | | SEGUNDA LETRA | | | |
		U	C	A	G	
PRIMERA LETRA	U	UUU UUC } Fen UUA UUG } Leu	UCU UCC UCA UCG } Ser	UAU UAC } Tri UAA paro UAG paro	UGU UGC } Cis UGA paro UGG Trp	U C A G	TERCERA LETRA
	C	CUU CUC CUA CUG } Leu	CCU CCC CCA CCG } Pro	CAU CAC } His CAA CAG } Gln	CGU CGC CGA CGG } Arg	U C A G
	A	AUU AUC } Leu AUA Met AUG inicio	ACU ACC ACA ACG } Tre	AAU AAC } Asn AAA AAG } Lis	AGU AGC } Ser AGA AGG } Arg	U C A G
	G	GUU GUC GUA GUG } Val	GCU GCC GCA GCG } Ala	GAU GAC } Asp GAA GAG } Glu	GGU GGC GGA GGG } Gli	U C A G

图 12.1 遗传密码

注：由 DNA 转译的 RNA 信使的 A，U，G，C 中的每 3 个"字母"都对应一个由这 3 个"字母"表达出来的氨基酸（比如，Phe：苯丙氨酸；Leu：亮氨酸；Val：缬氨酸；Ala：丙氨酸等）。遗传密码几乎是普适性的：对于所有物种来说都是一样的，只有一些微不足道的例外情况。

的终结"以及密码子 ATG 标志着"阅读的起始"。我们只举几个例子，比如密码子 TGT 和 TGC 编码半胱氨酸，TAT 和 TAC 编码酪氨酸，ATA、ATT 和 ATC 编码异亮氨酸，CCA、CCG、CCT 和 CCC 编码脯氨酸。

　　遗传密码是普适性的，从细菌到高等动物都普遍拥有，并且从生命初始就几乎没有变化，除了一些特例以外。一个最广为人知的特例就是 DNA 线粒体的一些细微之处，这也许是因为线粒体在远古时期可能是独立的生物体，线粒体是真核细胞内的小细胞器，专门生产 ATP，即三磷腺苷，是新陈代谢能量传递的"分子通货"。线粒体存储了它自己的 DNA 并且遵循一些略微不同的遗传密码进行复制，这些遗传密码也许是比我们所知的更原始的密码的残迹。科学家们还在为数不多的微生物物种中发现了一些其他特例。

遗传密码体现了普适性密码的存在，也是我们已知生命中最普遍的因素。虽然存在许多相关的进化理论和化学理论，但是我们还不清楚基因的起源，也许是从与更少的氨基酸相关联的最简单的密码发展而来的。然而，令人惊叹的是36亿年来，这一密码将信息从一种生物传递到另一种生物，从微生物、真菌、植物到动物的所有物种，并且世代相传，还经受住了无数的考验与探索。原则上，在形形色色的生物国度，多种密码的产生是理所当然的，并且所有的密码都应该传承至我们的时代，但事实并非如此。总之，这是不断变化的、多种多样的存在于大自然中最稳定的元素，也是宇宙最奇妙的语言之一。

近年来，"表征遗传学密码"也逐渐被重视，这种密码不但取决于碱基对序列，还取决于其他因素。这一信息也许可以传递，但是与我们提到的包含蛋白质信息的序列没有关联。表征遗传信息与组蛋白小球之间的相互作用相关，这些组蛋白小球是一些带正电的半径为5纳米的小球，它们帮助缠绕带负电的DNA。组蛋白可以与细胞的一些自由基发生化学作用，这些自由基包括甲基自由基、乙酰基和磷酸盐自由基，此外，组蛋白还可以根据DNA调整自身的亲和性。组蛋白亲和性越强，那么对于缠绕在相应的组蛋白球上的DNA的阅读就越难，因此也就越难以甚至不可能生产相应的蛋白质；组蛋白亲和性越低，情形则相反。假如校正DNA复制错误的蛋白质的生产被阻碍，就可能导致多种癌症的发生，如某些乳腺癌和结肠癌。因此，即使 DNA 测序指示正常，现实情况也可能会不一样。如此我们可以看出在最近的详细测试过程中，DNA 作用所呈现出的一种复杂性。

▶▷ 基 因

在生物信息中第二个稳定的因素由基因来体现，基因是 DNA 片段，用来编码蛋白质。基因虽不如遗传密码般普遍且持久，但是它比之个体 DNA，乃至比物种 DNA 都更长久，就好比在很多情况下，一种语言的某几个单词与这种语言相比宛若蜉蝣一般，但是却要比使用这个单词的人类个体长存得多。此外，不同的物种可以共有一些基因，就好像一些不同的语言有完全一样的或十分相似的词汇。比如绝大多数人的血红蛋白的基因都是一样的，除了一些与疾病相关的变化，而且人类的血红蛋白的基因与很多哺乳动物身上的都十分相似，除了 3 或 4 对碱基的差异，比例低于 1%。事实上，我们的某些基因甚至与微生物的基因相类似。

这一情形与词源学有共同之处：我们在先前物种的基因中寻找我们基因的起源，就好像在拉丁语或希腊语中搜寻我们词汇的起源，我们可以顺着基因的演变轨迹和细微变化，追溯到百万年以前。对于不同物种的相似基因的比较属于生物比较学领域，这开拓了对不同物种关系的全新的理解角度。如果我们对取决于基因种类的变异节奏做一定的假设，那么这一比较研究就足以编纂成一部进化历程的年历。

2000 年，对人类基因组测序的一大惊人发现就是科学家们只发现了约 3 万个基因，数量远低于我们所拥有的多达 9 万种不同的蛋白质数量。因此，科学家们提出在进化完全的生物体中，一个基因不同部分的相互组合，可以生产不止一种蛋白质，这与传统上认为的一个基因对应一种蛋白质不同。但是如何调节一个基因在某种情形下产生一种蛋白质而在另外的情形下生产另外一种蛋白质，这仍然是个未解之谜。

对于一些学者来说，基因在生物学上的意义比生物个体更重要，因为个体只是基因世代传承的携带者，只不过被用来保证基因的延续性罢了。然而，仅仅分开考虑基因则过于简单化了，因为很多时候都不是一个基因单独起作用，而是集结成群一起起作用。如此，一种蛋白质可以对一个物种起到一些作用，而对其他物种则产生完全不同的作用，就比如两个类似的词语在两种语言中可以有很多不同的含义，举例来说，"cal"和"acostar"这两个词在加泰罗尼亚语和西班牙语中的含义不同，在加泰罗尼亚语中"cal"是"必须"之意，"acostar"是"靠近"之意，但在西班牙语中"cal"是"石灰"的意思，而"acostar"是躺下的意思。研究不同物种的基因的相互作用网是这一研究领域的界限之一。

▶▷　物　　种

我们将在自然条件下无法通过性交配进行繁殖的个体划归为不同的物种。物种构建了比遗传密码或特定基因更具体的记忆方式，不同于基因被视为词语，物种被视为一本书——基因组，即赋予一种物种特征的所有基因的集合。林耐在《自然系统》（1735）一书中，用词源学的标准来分类动物和植物，确定了一套排列等级，即纲、目、科、属、种，并且推行了根据生物种类的拉丁语双名命名法，但并没有给这个划分注入时间概念，而这一时间概念自达尔文的作品面世之后，就被置于进化论中，从而获得了动态的意义。

尽管达尔文的代表作名为《物种起源》，但是在进化论中，一个物种如何演化为新的物种这一问题依然备受争议且值得继续研究。达尔文提出地理分离阻隔了两个有着相同物种起源的种群之间的交流，物种就会进行分化。这两个种群所经历的不同的生活范围和不同的变异使得它们之间的生物分化逐渐扩大，直到两个族群的个体之间无法再交配繁殖。然而，事实上我们也能找到例外，即在没有地理分隔的情况下新的物种的出现。比如，为了最大化利用一块区域的资源，一些个体会专门利用一些资源，而另一些个体会利用另一些资源，所以尽管它们在同一块土地上生存，它们的不同行为仍使得它们产生遗传分离。

从 1970 年开始，DNA 碱基的测序方法，即对于它的碱基的 A、T、G、C 的阅读，已经实现了计算机自动化，并且在肉眼无法识别相似度的时候，计算机自动测序变成了物种分类的一种很有用的方法。例如，黑猩猩和人类基因组的差别低于 1/100，这只是微小的差别，但是却产生了完全不同的生命可能性。

其他与物种基因组相关的问题是遗传工程技术冲破壁垒和完

整测序基因组带来的开放的视野。遗传工程技术在于将一种物种的基因注入另一物种的基因组，使得新的生物体将注入了新内容的基因组视如己出。一开始，科学家们将一些异种蛋白的基因注入细菌，这些异种蛋白不断被生产就好像这个注入基因是它们本身的一般，这革新了一些有医学价值的物质生产方法，如胰岛素或人类生长激素。之后科学家们又成功地将不同的基因注入动物和植物，创造了转基因物种，对农牧业而言，转基因的动植物更能抵抗瘟疫，并且有更高的营养价值；对医学而言，某些转基因动物对于一些遗传病研究颇有益处。科学家们还预期人工制造自然界从未试验过的全新的基因。

调整基因的可能性，以及对于理解基因和器官发展之间的兴趣，使得对于不同物种的整个基因组的测序和解读变成了现代科学的目标之一。在1996年科学家们首次完成了对单细胞生物的基因组的完整测序，即有约6000个基因的酿酒酵母；在1998年科学家们完成了对多细胞生物的基因组的完整测序，即对秀丽隐杆线虫的基因组的测序，它有约1.9万个基因，其中1万个基因的作用目前尚未知晓；在2000年，科学家们完成了对黑腹果蝇的基因组测序，它约有2.5万个基因。对于人类基因组的测序曾是20世纪最后十年中影响最大的科学事业，并且在这个领域，世界各国广泛开展了全球性的合作。在2000年6月，人类基因组的完整测序被公之于众，揭示了人类拥有约3万个基因，在此以前，科学家们原以为人类会有3倍于这个数量的基因，这3万个基因组成了约30亿个碱基对，尽管对于与遗传病相关的基因测定进步迅速，但对于测定绝大多数的基因，以及详细测定基因之间相互作用的运作与调节依然任重而道远；此外，还有 95% 的不参与编码蛋白质信息的 DNA 的作用也有待解析。在构成我们基因组的几千个基因中，99% 的基因是人种共有的，只有剩下的一小部分展现了个体间的差异性。正是这些差异引发了极大的医学兴趣。

之前科学家们认为非编码基因部分的信使 RNA，它们在还未向核糖体发送生产相应的蛋白质之前就被删除，它们解体过于迅速而起不到任何生物意义上的作用。近来，科学家们证实一些非编码基因部分可以存活下来，并且小的 RNA 片段，即 miRNA，它们可能有着重要的生物意义上的作用。

▶▷ 个 体

具体生物，即个体，呈现了遗传稳定性最脆弱和短暂的一面，还更凸显了遗传的唯一性和不可复制性。尽管物种基因组中显现个体差异的基因百分比十分微小，但现在的基因技术已经可以从一根头发、一滴血，或者一个细胞来确定一个个体，这通常是通过非编码区域的几个碱基组不同的重复来确定的。个体的每个细胞都有完整的 DNA，它以不可复制的方式组合了父母的 DNA。尽管如此，肝细胞与神经元是不同的，与白细胞也是不同的，因为细胞不会完全阅读所有的 DNA，而是阅读 DNA 的不同部分，以此来实现不同的功能。研究形态生成的过程，即研究对 DNA 不同部分的阅读是如何与不同器官、组织的形成以及胚胎发育相关联的，这是一个很宏观的科学研究主题。

在整个生命历程中 DNA 的守恒并不是静态的。在每一个复制过程中都有很多出错可能性，但是一些专门探测和修复这些错误的分子在 DNA 中不断游走并测试复制品的质量。但是这些修复系统中的某些可能会在应激条件下被抑制；对于微生物来说，在关键时期，这一现象可以提高变异节奏并且加快微生物对环境的适应力；对于人类来说，修复系统受到抑制会导致癌症的多发。

对于个体基因组唯一性的一种超越就是克隆技术，也就是获得与某个个体的基因完全一样的其他个体。为此需要提取一个个体细胞的细胞核，即带有两套完整的染色体组的细胞核，并把细胞核注入卵细胞中，这个卵细胞的细胞核已被去除，这个细胞核只具有一套完整的染色体组。当这个卵细胞拥有整条染色体时，就会开始复制直到形成新的个体。1996 年科学家们第一次成功克隆了哺乳动物——多利羊，这引发了关于个体克隆技术的应用与后果的争议。多利的迅速衰老和夭折反映出多利不仅继承了母亲的染色体，从某种意义上来说，同样继承了它母亲的年龄。

13. 神经记忆：从神经网络到有意识的自我

　　绝佳的记忆多半是大脑有意识的回忆的保存：这是最鲜活、最私密的记忆，也是我们用来重现过往的场景、感情、感觉的记忆，更是使我们具有独特内在并且赋予我们自身完整性的记忆。有时候我们会自觉自愿地走进记忆，而有时候一场惊喜或是一些微小的、不受控的刺激就会激发记忆，如一股气味、一种味道、一首乐曲等。

　　记忆是一种复杂的能力，它具有很长的进化历史。原则上来说，任何一个神经网络都有记忆，记录着神经网络应对不同的刺激而做出的反应。这种记忆是自动的、机械的、本能的，与有意识的记忆相去甚远，但对于生存来说是最基本的。在神经系统的进化过程中，大脑边缘系统中海马区的出现标志着生物向进化出记忆功能更迈进了一步，这大约在两栖动物出现之后不久，由鸟类和哺乳类开始进化得来。记忆在本能的瞬时反应之外获得了更多的整体性，也获得了更大的时间厚度，尽管这一切仍是无意识的。在灵长目中，逐渐出现了自我意识，在镜子之前对于"我"的识别：一部分的记忆会产生倒影。对于人类来说，意识与记忆的互相反哺塑造了更深层的自我。

　　有意识的记忆具有多面性。比如，关于记忆的持续性，就有长期记忆和短期记忆之别，长期记忆是长久的回忆；而短期记忆则是在几分钟之内对一个电话号码、一个姓名或一个地址的关注。另一些记忆分类是建立在存储信息的种类之上的：程序的（如走路、驾驶、跳跃）、语义的（语言）、知觉表征的、工作的、情境的等等，包含各式各样的能力的各个方面。其他一些则根据意识的参与度分类：更自动化的和反射性的动作记忆和感觉记忆，以及有意识的、智力参与的记忆。与其说不同的记忆对应不同的机制，不如说对应的是不同的大脑区域和不同的复杂程度。有意识的记忆位于大脑额叶，是人类和高等进化动物独有的；感觉记忆和动作记忆存储在额叶后部，与视觉、听觉、触觉和运动相关联；而自动程序化的、无意识的记忆则存储在小脑中。

在古代，人们将记忆比作蜡版，在上面逐渐刻画事件，或是将记忆比作鸽舍，用这一比喻来强调回忆的无序性和突如其来，与蜡版的秩序性和稳定性做对比。目前，将记忆比作电脑是最形象的比喻，因为电脑汇集了存储、搜寻和组合能力。

大脑作为记忆中心的作用还未清晰。历史上，有支持大脑是意识的中心的学者，也有支持心脏是意识的中心的学者，两派曾经激烈争执。心脏在人遭受惊吓和享受激情时的加速跳动，以及它的脆弱性，与灰白色的、安静的、无感的大脑形成鲜明反差，以致很多学者都将生命的中心作用赋予心脏。柏拉图认为永存的智慧灵魂存在于大脑中，但亚里士多德认为大脑是一种用来冷冻身体的腺体。希波克拉底派医学承认大脑在思考和记忆过程中起着至关重要的作用。圣奥古斯丁认为想象产生于大脑前部，理智产生于大脑中部，而记忆产生于大脑后部。在 16 世纪左右，一般认为大脑内部的白质产生思想与记忆，直到几个世纪以后，才将这些活动归因于大脑灰质。

▶▷ 神经元的生理机能

1888—1892 年，圣地亚哥·拉蒙－卡哈尔在巴塞罗那进行了观察研究，第一次将神经元视为分化细胞，他凭借记忆，找到了染色的方法和观察神经元的合适组织。在 1889 年，他从巴塞罗那前往参加在柏林举办的学术会议，在那里获得了国际声名。拉蒙－卡哈尔为神经系统建立了一个离散细胞模型，这些离散的细胞后来被称为神经元，这个模型与高尔基建立的模型不同，高尔基认为神经像血管与动脉一样都是连续的管道。尽管如此，高尔基和拉蒙－卡哈尔两人同获 1906 年的诺贝尔生理学和医学奖，而当时拉蒙－卡哈尔已经在西班牙建立了一所重要的研究学校。

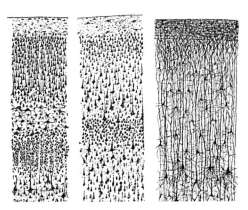

图 13.1 圣地亚哥·拉蒙－卡哈尔观察并绘制的神经元整体图

从对神经元的观察到对神经运行的详细认知之间经历了很长的一段时间。在 1890 年左右，亥姆霍兹测量了神经电流的电势和它的传播速度，并且提出了弄清其分子机制的挑战。对于乌贼巨型轴突内部与外部的电势差的观察对研究神经元的分子机制有着很大作用，乌贼巨型轴突直径约为 1 毫米，并且可以插入微电极。1940—1950 年，科学家们进行了无数次的实验，这些实验结果在 1952 年被霍奇金和赫胥黎用数学方程组量化地阐释出来，这些数学方程式描述了动作电位与时间和传播速度的关系。

当细胞处于静息状态时，它的内部电位约比外部电位低 70 毫伏，内部钠的浓度比外部低很多，内部钾的浓度比外部高很多。通过一些特殊的渠道，钠逐渐流入细胞而钾逐渐流出细胞，但是这些流动被一些分子泵的作用抵消，这些分子泵利用三磷腺苷释放的能量驱逐钠，并重新引入钾。细胞静息状态并不是一个平衡状态，而是更像水路上的一叶方舟，随着泵的作用而漂浮，这些泵以消耗能量为代价，不断排出涌入的水流。细胞的静息状态是通过不停歇的运动、不断地消耗少量的能量获得的。

当神经元受到一定刺激干扰时，可能会有两种反应：假如干扰并没有达到一定阈值，神经元会迅速回到起始状态；假如干扰超过一定限度，则会有很大的改变，这一改变被统称为动作电位——内部电位迅速增加至约 40 毫伏，之后迅速降低至约 -90 毫伏，之后再慢慢恢复到静息值。这里所提到的两种不同反应的差异在于，在第一种情况下，钠离子通道保持关闭，而在第二种情况下，超过阈值之后通道会被猝然打开。

第一次电位的增加是因为钠离子通道的开启，钠以正离子的形式迅速流入。在达到一定电位值之后，钠离子通道关闭，钾离子通道开启，钾离子迅速离开细胞，如此细胞内部就会集聚越来越多的负电。最后，所有通道都关闭，那些泵就会使系统恢复到起始状态，驱除钠离子，收复钾离子。整个过程持续约几毫秒，并以每秒10—100米的速度沿着轴突传导，直至到达轴突末尾的突触。

▶▷ 突触与神经网络

突触是神经元之间的联结，也是神经元与肌肉之间的联结。在这里我们来介绍第一种联结。当动作电位到达突触时，一些钙离子通道被开启，钙离子进入神经元，使得神经递质的分子被释放到两个神经元中间的突触间隙中，这些神经递质的分子到达突触后细胞的细胞膜，那里有神经受体。神经递质有很多种类：当一种神经递质的净作用是使正离子进入突触后神经元时，就被称为兴奋性突触，因为它帮助神经元发射信号。在相反的情况下，就是抑制性突触，因为它抑制了神经元发送信号。每个神经元都通过它的树突分叉出去的突触接收很多其他神经元的信号，其中树突是神经元的细胞膜上所有突起的集合。接收到的信号集合——如果突触被激活的话就是带正电的信号，如果突触被抑制的话就是带负电的信号，这些信号集合在识别正负电的情形下被加减。如果总和结果超过一定的兴奋阈值，神经元就发射信号，也就是说发送一个动作电位。在相反的情形下，神经元就会处于静息状态。

　　为了探索记忆，就需要对从单独的神经元细胞或者从一对相互连接的神经元细胞的研究过渡到对神经元细胞网络的研究。人类大脑皮层拥有 100 亿—1000 亿个神经元，每个神经元平均有 1000 个联结。学习记忆的极限约为 10 亿比特，这并不完全由基因决定，同时也由个体大脑活动决定。在一些实验中，科学家们将老鼠的一部分大脑灰质取出，并观察它们在手术后的行为，实验表明去除它们的部分大脑灰质并不完全影响其记忆，因此可以证明存储记忆的人脑区域十分分散。如此，我们不仅需要树立将不同的记忆与大脑结构不同的区域相对应的概念，还需要将这种概念与把记忆视作一个整体性的能力的概念结合起来。

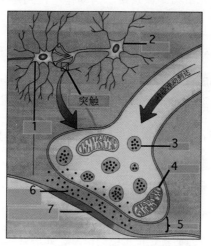

图 13.2　神经元 1 和神经元 2 之间的突触

注：神经冲动从 2 传导到 1；在神经元 2 的轴突的末端有大量的含有神经递质的突触小泡，当它们接收到冲动时，将神经递质 6 释放到突触间隙 5，这些神经递质到达神经元 1 的神经受体 7。线粒体 4 提供能量。

▶▷ 长期记忆和短期记忆

关于长期记忆的现代理论由神经生理学家唐纳德·赫布于1950年奠基，他提出当被激活的突触后神经元在被反复刺激之后，突触会发生变化。因此，两个被多次同时反复激活的神经元细胞会产生关联，并且其中一个神经元的活动可以为另一个提供便利。这些变化可以在突触前细胞产生，即释放的神经递质分子数增加；这些变化也可能发生在突触后细胞中，即细胞膜上神经受体数增加；这些变化使得突触可以调节它的活动强度，即可以变得更活跃或是更被抑制。突触的整体活动强度决定了存储在神经网络上的总体记忆。

调节突触活动强度的机制还不甚明了。有一种可能性就是在突触后部分有两种神经受体：其中一种神经受体反应迅速、短暂并且独立于神经元的电位值，而另一种神经受体反应缓慢、持久并且依赖于神经元的电位值。因此，突触后神经元在接收到神经递质时的反应是不同的，这取决于神经元被激活与否。一种可以强化突触的方法是使被激活的突触后神经元受刺激而改变它的行为，从而促进与神经受体相关联的基因阅读来生产更多的神经受体。

另一个可能参与到学习过程的机制是被髓磷脂包裹的轴突的髓磷脂化程度，它对信号传播速度有所影响，然而对它的研究还处在起始阶段。这一传播速度对与某个神经元距离不等的其他神经元发送信号的同步化有着至关重要的作用。为了使双方同时发送的信号能在同时达到，就需要远距离的神经元轴突用更快的速度发送信号，这就需要更厚实的髓磷脂。科学家们认为轴突的活动可能对于髓磷脂的厚度有影响，甚至一些神经胶质细胞——星形胶质细胞，它们可以测定轴突的活动度，并且将这一信息传递到其他轴突，来影响它们的髓磷脂化，以此使这些突触同步化。

科学家们已经观察到星形胶质细胞对记忆有着重要影响，尽管这种影响还不明确。事实上，很多突触都不仅仅只牵涉两个神经元，而且还牵涉星形胶质细胞末端。假如保持相应星形胶质细胞的钙离子浓度稳定，那么突触就无法完成必要的改变来储存新的记忆。另外，科学家们还观察到假如将人类干细胞注入到老鼠身上，这些干细胞能生产神经元或星形胶质细胞，这些神经元不比老鼠自身的神经元细胞大多少，而这些星形胶质细胞则是老鼠自身所有的约 20 倍。这种较大的星形胶质细胞使实验老鼠有一定的记忆和学习能力，如记忆力和学习迷宫的路径，它们的这些能力比普通老鼠高出很多。目前，这些比神经元更大量存在，并且比神经元在物种之间有着更大的进化差异的星形胶质细胞，它们对记忆和大脑计算的作用还让科学家们不明所以，但是应该比 20 世纪末所认为的作用更为重要。

▶▷ 关于记忆的实验

关于记忆和学习的不同理论模型都在简单生物上试验过，如海螺类的海兔或者水蛭。举个例子，当海螺的一部分受到轻微敲击的时候，可以观察到它是如何收回触角的。被敲击第一次时，海螺感受到了危险，会迅速收回触角。在被敲击好几次之后，当它发现什么都没有发生时，危机感就会降低，于是就不再迅速收回触角，直到最后变得懒得收回触角：它存储了一种习惯化记忆。在分析了一小部分的神经元细胞整体——即被敲击部分的感受神经元和对应收回触角的运动神经元之后，科学家们观察到了被发送的神经递质在数量上的改变。因此，反射行为的获得和改变与神经网络的一些突触的活动强度的改变相关。

其他一些更复杂的过程也有类似的机制，这种过程是具有关联性的，在这些过程中，两个器官同时并且反复受到刺激，这种刺激的作用增强了两者之间的神经元关联，以此在许多练习之后，只要其中一个器官受到了刺激，那么另一个器官就会相应地做出反应，而不再需要直接受到刺激。这种受条件制约的过程，早已被经典实验性神经学所了解，目前科学家们正在从细胞、分子层面研究这一过程，包括探索到底是哪些具体的神经元、它们之间突触是怎样的，以及神经受体和神经递质到底发生了哪些改变。

▶▷ 海马区、记忆和健忘症

大脑的海马区对长期记忆的获取和巩固有着决定性作用，海马区位于大脑的中间部位，从鸟类与哺乳类才开始进化得来，为此我们可以想象鸟类的记忆使它们年复一年地远行回到某个地方的巢穴。同时，那些存储食物的食草动物，比只会就地食草的动物拥有更大的海马区和更多的记忆，因为对于懂得存储食物的食草动物而言，重新找到它们藏匿食物的地点至关重要，而那些就地食草的动物则总会有现成的食物。

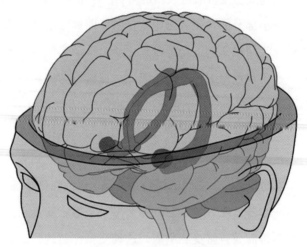

图 13.3 海马区帮助长期巩固回忆

　　健忘症，即记忆紊乱，突出了大脑海马区这部分的功能：当海马区受到创伤，就会产生健忘症状，患者无法获取或发展新的记忆，尽管那些旧的记忆还能保存下来。随着年龄的增加，对新近阅读过的、看到过的或是听到过的事物的记忆能力通常会逐渐降低，但是不会因此而忘记以前牢记的回忆。有一些患者可以谈论和弹奏长篇音乐或是回忆年轻时所学习的复杂公式，但是无法记住几分钟之内发生的事情；可以认出受伤之前所认识的人，但是无法记住什么时候最后一次见这个人。所以，在很多情况下，健忘症患者都会兴高采烈地接待老友，就好像很久未见一样。假如这位老友离开房间几分钟，当他重新回到房间时，病人就会因久别重逢而欢欣鼓舞，因为他认为自己很久没见到这位老友了。

但是海马区帮助巩固和形成的回忆并不只存在于大脑的这一部分：回忆分布于大脑皮层不同的神经网络，与视觉、触觉、听觉印象的留存相关联，并在回想的瞬间汇聚在一起。毗邻海马区的颞叶对恢复回忆有着重要的作用。同样地，与海马区前部接触的杏仁核也会帮助记忆的形成与巩固，并且影响记忆所带来的感情和回忆的强度，因此，将学习与一些感情因素联系起来也许对学习的巩固和理解有益。

当颞叶受到损伤，就不可能恢复记忆，尽管记忆一直被储存着。在这种情况下产生的健忘症，会导致与时间相关的记忆更容易丢失，比如与一个具体片段有关的记忆或者生命的某个阶段的记忆，而与时间关联不大的回忆则更容易被保存下来，比如反复的行为或与日常生活相关的行为。如果海马区与颞叶同时受到损伤，则属于完全意义上的健忘症，患者只活在当下，没有回忆也没有对未来的设想，只有短短几分钟的记忆，这与正常人在兴奋时的体验完全不同：兴奋有时能加强对现时的感知，这一美妙体验可以综合过往回忆与未来规划，从而形成一个完整的时间观念。

另一个与回忆的巩固相关的是梦境。在一个实验中，科学家们让一组被试者记忆一些东西，比如单词表、数字表或是某个手工活，然后在一天之后，即正常的睡眠之后，科学家们来测试小组成员对于他们一天以前努力记忆的东西的记忆程度。在接下来

的实验阶段中，被试者需要记忆一份清单，几个小时之后，记忆
另一份清单，在此时间间隔内不休息。第二天之后，被试者能记
住前一天的第二份清单，但是那天的第一份清单的内容早就被忘
到九霄云外了。实验的第三个阶段是先让被试者记住第一份清单
内容，睡眠几个小时，然后再学习第二份清单，一天过后，两张
清单内容都能被记住。睡眠这个阶段对于记忆的巩固起到了重要
作用。所以，在考前学习时，并不应该在考试的前一天记忆大量
信息并且减少睡眠，因为考试前一天的大量学习并不会形成牢固
的记忆，而是在很短的时间内就会忘却。最好的方式是间断性地
持续学习，并且在每次努力学习之后的间隔都保证睡眠时间。当
然，人们总是在寻找增强学习能力的物质，人们是多么渴望可以
轻易记住我们感兴趣的阅读内容和信息！目前，科学家们在老鼠
和兔子身上使用了遗传工程技术改变一些神经受体，来增强它们
的学习能力，这些实验有助于更好地认识学习过程的分子机制。

▶▷ 时间顺序与记忆

　　健忘症的患者对于时间顺序的感知通常也会受到损害。记忆
与时间顺序的关系还有很多未知之处，这一关系可以说是大脑赋
予具体事件以特殊日期的过程，或者最基本的，大脑将具体事件
按先后顺序放在其他具体回忆之间的过程。似乎前脑基部对大脑
的这一功能起着重要作用，因为这个部位受到损伤时，回想与记
忆新内容的能力仍然被保存下来，但是并不以时间顺序排列。

时间性的另一惊人之处在于所谓的"déjà vu"（如君所见，法语中的"似曾相识"之意），意为突然产生的一种正在经历以前曾经经历过的某个场景的意识。这是一种令人感慨同时也令人不安的感受，这一感受的力量在文学作品中多有探讨。我们真的曾经经历过这样的场景吗？是前世的闪现，还是我们不知不觉地穿越到了未来？也许这一令人惊叹的印象产生机制在于信息首先进入了记忆，而不是意识中，因此当相应的刺激到达意识层面时——这一过程可能只延迟了几微秒——意识会比较这一正在经历的感受与在几微秒之前存储在记忆中的感受。因此，这个谜一样的场景并不是穿越了时间所得的现实场景，而只是记忆与意识之间几微秒的反演与偏差。

像开车、弹乐器或者完成一项复杂的体操练习之类的动作学习，一开始都需要投入很多精力，在神经元细胞层面，表现在大脑皮层前额部的兴奋。慢慢地，随着对于所学的吸收和习惯化的养成，对这一动作的控制就会转移到意识的更深层，如小脑和基底核部位。因此，所有动作就变得如行云流水一般，脑力就可以转移到其他方面，如聊天、听歌或思考。自由与机械化的组合大大助益了创造力。

▶▷ 神经元的死亡和衰老检测

健忘症是最令人不安的紊乱症状之一：患者没有失去意识，但却无法获取回忆，对他来说，所有的当下都是一堆谜团，他无法辨识熟人和不常使用的物件。在很长一段时间内，对于与记忆相关联的大脑区域的研究都基于不同类型的健忘症，如遗忘动作或语言的健忘症，或是触觉、视觉和听觉失认症。治愈由意外或退化引起的健忘症一直是神经生物学和医学的重要目标之一。很多健忘症都与大脑一小部分区域的神经元细胞的大量死亡相关。令人惊奇的是在老年时期，尽管神经元大量死亡，突触关联也大大衰退，人们对于童年和青少年的回忆还是会强有力地、清晰地重现，就好像将生命的起点和终点都连接而成了一幅深切而怀旧的虚拟全景。

未进化完全的动物的神经元是可以再生的，但是灵长类的和人类的神经元因为无法复制，所以无法再生。这一进化可能的优势在于避免干扰存储记忆的神经网络和突触。当这些神经网络并不复杂时，新的神经元叠加产生的作用就相对较小，但当神经元关联程度很大的时候，新的神经元叠加就会产生更大的作用。因此，当一个神经元死亡的时候，不会产生其他的神经元，而那些剩下的神经元会重新编织网络，产生新的突触来与它临近的神经元相连。

所以，令人惊奇的是在大脑的一些部位存在神经元的修复。从 1965 年起，就已存在对于金丝雀和老鼠的大脑的神经元发育的描述，这些神经元是从干细胞发育而来的。1998 年，科学家们发现了在与记忆和学习相关联的人类大脑的海马区，也有干细胞生产新的神经元的现象，尽管数量很少。这些干细胞同样也分布在大脑的其他部位，但是它们实际上并不工作；假如这些干细胞都能运作，那么大脑就会有一定的再生功能，这对各种脑血管疾病和意外的治疗有着决定性意义。尽管如此，我们仍然不知道这些干细胞的发育能否被合理控制；如果无法被合理控制，就会变得危险，因为无法控制的分裂繁殖会导致肿瘤，而神经递质的过度分泌也会有害无益。神经元的再生能力随着受到的刺激的增多而增加，一些以老鼠为对象的实验表明，生活在配置更多玩具和任务的环境中的老鼠，脑质量更大，并拥有更多的脑连接和更复杂的脑结构，而在承受压力的环境中，神经元的再生能力就会下降。

14. 免疫记忆："我"与另一个"我"的斗争

　　除了遗传和神经元记忆以外的第三种生物记忆形式，就是免疫系统的记忆，它体现在两个方面：一方面，识别自体细胞并攻击异体细胞；另一方面，保存机体所遭受的感染的记忆，以便再碰到相同感染时，可以更高效地保卫机体。这两种免疫记忆，即天生存在的与后天获取的，呈现的是两种不同的记忆方式。先天性免疫这一种类是起始片刻就有的记忆，这种记忆就如标志着机体身份的分子族徽一般烙印在每个细胞的表面，并且伴随它终生，就如 DNA 是每个细胞从受精卵发展而来的对于起始片刻的记忆，它位于细胞内部。获得性免疫这一种类则是对于过程的记忆：储存机体感染的记忆，并且随时准备着更有效地护卫机体。因此，当我们遭受一次小的感染时，神经元记忆很有可能遗忘这种小的感染，遗传记忆对感染毫无感知，但是免疫记忆就会保存下这段回忆，并且总是伺机窥探随时准备着新的更高效的行动。后天获取的免疫力并不是普遍的：从进化史上看，差不多也有 5 亿年的时间了。

　　免疫系统与记忆相关的方面也许相对稳定，但是除此以外，免疫系统有着极高的活力：一方面，免疫系统需要生产很多不同的细胞，足以探测各种未知的或出乎意料的入侵者；另一方面，在遭遇入侵的时候，应当高速做出反应以超越入侵者的繁殖速度。免疫系统的这些特点和它的医学应用，使它变得十分迷人并且具有战略意义。

▶ ▷ 获得性免疫与疫苗

关于免疫系统的研究起于对疫苗的研究，由巴斯德于 1870 年左右在巴黎首次提出。接种少量的病原体可以引起可控的、柔和的反应，使得个体在下一次遭受同样病原体的入侵时可以更有效地做出反应。疫苗对提高公共健康水平起到了很大的作用，对于根除曾经造成人间惨剧的疾病同样作用巨大，如狂犬病、霍乱、天花、破伤风、结核病等，其中，霍乱疫苗是费兰医生在巴塞罗那时发明的，并在瓦伦西亚第一次完成试验。

现在我们碰到的问题之一是这些攻击者的变异体使得疫苗随着时间丧失其有效性。例如，某种特定的病毒攻击机体，而我们通过提前注射疫苗已经保护了机体，也许这一病毒在其他机体之内或在这一机体中经历了变异，使它无法被疫苗识别，因此可以攻击机体，而之前注射的疫苗则无计可施。当今另一个重要研究主题是研发对抗疟疾——这是一种每年在世界各地造成大量死亡的流行病——的疫苗，以及对抗艾滋病（获得性免疫缺陷综合征）的疫苗。

▶▷ 探究免疫系统

在对自成体系的具体疫苗研究之外，从 19 世纪末开始，科学家们开始系统性地分析免疫系统，包括吞噬作用、细胞介导免疫和体液免疫，这些研究导向认为细胞内存在与这些免疫过程相关的特定受体。在第二次世界大战之后，免疫学快速发展，并演变成一门特征鲜明且众所周知的学科：科学家们发现了抗体合成于浆细胞中；发现了免疫球蛋白，并且发现其中一些与过敏过程相关联；提出每一种抗原都只作用于具有合适受体的细胞，同时会引发这些细胞的分裂繁殖……总而言之，科学家们解析了免疫系统在分子和细胞层面的运作机制，甚至还给这方面的研究赋予了相当广阔而全面的视野。

免疫学研究不仅使医学事业硕果累累，还为其他生物学问题的研究提供了强有力的工具，即所谓的单克隆抗体，它们是完全相同的抗体，它们可以选择或者标记特定种类的细胞或分子。

▶▷ 淋巴细胞

免疫系统的主角是淋巴细胞。当入侵者进入机体攻击细胞时，巨噬细胞摄入病原体的蛋白质，而这些蛋白质碎片会出现在细胞表面，并在细胞表面被 T 辅助细胞识别，这种 T 辅助细胞是在脾中产生的一种白细胞。T 辅助细胞被激活之后，会通过细胞介导免疫系统分泌一些蛋白质来促进细胞毒性 T 细胞的复制，并通过体液免疫系统在骨髓中制造 B 淋巴细胞。细胞毒性 T 细胞攻击感染细胞，而 B 淋巴细胞会分泌抗体来识别特定的病毒肽，并且标记自由病毒颗粒。每个 B 或 T 淋巴细胞只攻击一种抗原或一个被标记细胞。

一个关于先天性免疫的关键问题是，机体如何能够识别未知的或无法预测的入侵者，或者说，机体如何识别它从未接触过的抗原。这种超常的适应能力来源于大量不同的淋巴细胞的生产，得益于淋巴细胞部分基因序列的快速变异。具体来说，这建立在受体基因多种多样的组合上，这些受体基因有四条氨基酸链。DNA 编码这些氨基酸链的区域随机地失去或得到碱基对。每个抗体都随机结合四条链，如此就有上百万种不同的可能组合。这一巨大的多样性保障了机体在从未接触过抗体的前提条件下，可以提前储备针对大量不同抗原的特定抗体。

然而，这也意味着在数以千万的淋巴细胞中只有一种或几种有能力识别入侵者，而这些入侵者也许有着绝对的数量优势。因此，免疫系统需要通过制造复制品的方式，迅速倍增这些能够识别入侵威胁的淋巴细胞，这一过程被称为克隆扩增。当这一入侵者被消除时，几乎所有作用于这一入侵者的淋巴细胞都会消失，但是机体会储备一些带有这段记忆的细胞复制品，而这些细胞复制品有着很长的平均寿命，并且具备在受激之后超强的繁殖能力，如此就能保证日后在受到同种入侵者展开的新的入侵时迅速做出反应。自然，这能够大大地增强防御有效性。

▶▷ 移植: 与免疫排斥的斗争

科学家们于 1950 年左右发现了每个机体的细胞表面都有一些分子标记, 即组织相容性分子, 这些分子标记保证了机体之间的相互区别。这些分子中的一些由主要组织相容性复合体决定, 在机体应对入侵者的免疫反应中起到了重要作用。对于人类来说, 这些分子中的其中一类被称为人类白细胞抗原, 分布于所有人体细胞中, 而这些分子中的其他种类都位于白细胞上。这些分子并不是我们作为生物个体的唯一标识: 例如我们在红细胞的膜蛋白中可以找到其他的一些区别标识, 这些蛋白质确定了人的血型。

移植外科对于免疫系统研究尤为重视, 因为移植外科手术必须降低机体对植入的外来器官的免疫排斥。假如没有研发出合适的药物来攻克这一免疫排斥, 移植外科就不可能取得如此长足的进步; 而这种进步意味着打破 "我" 这一生物个体的屏障, 将 "非我" 的元件植入 "我"。对于人类之间免疫屏障的突破, 或者更广义层面上, 打破同一物种个体之间的免疫屏障, 保障了包括像肾脏和心脏这样极其重要的器官的移植。器官捐献者的稀缺使得器官移植产生了一些伦理问题, 比如对于在器官移植手术等待名单上的患者的选择标准: 以财富为标准, 以年龄为标准, 还是以家庭境遇为标准?

器官捐献者的缺乏迫使科学家们在其他物种身上寻找替代组织和器官, 他们对猪尤为关注, 因为猪的组织与人类的组织有很大的相似性，并且猪已经向人类提供了心瓣。事实上，科学家们本应该考虑与人类进化更接近的灵长类动物，但是这会带来病毒传染的风险。异种器官移植，即移植其他物种的器官，会产生超急性排斥反应和器官的生理解剖不兼容的问题。为了克服这些难题，就需要注入一些猪的基因，或者阻止对植入组织细胞基因的部分阅读，来保证植入的组织与我们的组织更兼容。科学家们同样也试图研发人造器官，这产生了一系列问题，比如材料的选择以及维持这种器官运作的能量的提供。

▶▷ 自体免疫性疾病

另一个相关的研究领域就是对自体免疫性疾病的研究，造成这种疾病的原因是机体的捍卫者变成了攻击者，就如军事政变一般。事实上，我们已经谈到过生物制造各式各样的淋巴细胞，因此其中一些淋巴细胞将自体细胞识别为外来入侵者也就不足为奇了。为了防止这种现象产生，免疫系统在正常情况下会消灭这样的淋巴细胞，使这些淋巴细胞不再增加而是自杀，这个过程即所谓的克隆清除。然而，在一些情况中这一机制不起作用，使得一些淋巴细胞攻击机体器官。为了降低这种疾病的发生可能性，对自体免疫系统采取一些措施是很有必要的，但是一定要谨慎，防止造成免疫力大幅下降。一些炎症性疾病也与免疫系统的运作不良相关，这种情况并不是因为淋巴细胞攻击自身机体，而是由免疫系统的过度反应所致。

▶ ▷　艾滋病

艾滋病，又称获得性免疫缺陷综合征，是由病毒（HIV，即人类免疫缺陷病毒）引起的免疫系统功能障碍，这种病毒通过精液和血液感染，导致人体免疫力严重下降。通常艾滋病的感染是由于无保护措施的性行为、输血、注射毒品时使用受污染的针管以及母婴传播。这种在一定条件下相对容易的感染方式使得艾滋病自1981年首次被发现和描述以来，就因其影响范围之广而成为一种世界性的流行病，它在非洲的影响之严重已造成了3000万人死亡。

在艾滋病感染早期，HIV病毒会攻占辅助性T淋巴细胞，但同时会受到细胞毒性T细胞的攻击，这能在一段时期内控制住HIV病毒。由于HIV病毒会进行变异，在一段时间之后就会变得使细胞毒性T细胞无法识别，从而获得这场拉力赛的胜利，并且大量摧毁T淋巴细胞。于是，患者就会变得对感染和一些肿瘤毫无抵抗之力。

在对抗艾滋病病毒时，碰到的首要困难就是它快速的变异节奏，这使得在某一刻起作用的药物短时间内就会失去效用。最主要的一些策略在于抑制艾滋病病毒相应的蛋白质的生产，或者针对对病毒进入淋巴细胞起到门户作用的膜细胞蛋白质的生产采取措施，又或者使用一些基因疗法来改变患者的T淋巴细胞，使其能够重新抵抗病毒。针对艾滋病的治疗应该基于各类药物的配合，以提供多种保护。尽管这些病毒已经从血液中被清除，但这些病毒仍然会在一些组织和器官中进行缓慢复制，所以，这些治疗无法完全清除病毒，只是使得病毒不再积极地繁殖并且提升患者的免疫能力。由此这一在1990年以前还快速致死的疾病，已经变成了一种慢性的、潜伏性的疾病。

要使疾病始终得到控制，患者需要保证治疗的持续性和纪律性。对药物的持续依赖和药物的成本，再加上患者因自认为已被治愈而产生的麻痹大意，是根除这一疾病的巨大障碍。此外，艾滋病患者与健康人相比衰老速度更快。艾滋病的研究领域介于针对性强的医学、生物学研究以及临床医学之间，而关于艾滋病的一些研究也被科学家们运用到其他方面，比如针对艾滋病的治疗方法是否能用来抑制衰老，或者更本质地、更好地理解免疫系统对衰老的影响。

▶▷ 免疫系统和神经系统

大脑中不存在可能杀死神经元的巨噬细胞。这些巨噬细胞的作用在大脑中由小神经胶质细胞来担任，这是一些形成神经胶质的星形细胞。拉蒙－卡哈尔的学生皮奥·德·里奥－奥尔特加在1919年首先开始研究这些细胞。小神经胶质细胞起到了防卫作用，但是一旦它所分泌的起到防卫作用的物质失去控制，就会产生危险：这被一些科学家认为是多种神经衰退疾病的成因。

免疫系统与神经系统有很大的关联，尤其是通过下丘脑和脑垂体，因此一些作者会用神经免疫系统来定义两个系统之间有着密切联系的那些方面。压力、抑郁和睡眠不足对神经系统产生的危害同样也会减弱免疫系统，并且导致机体对于传染疾病更无反击之力，这一联系早在数年之前就已被证实，但却是专项研究中相对较新的领域。在另一极端的情况中，面对疾病保持镇定可以极大地帮助免疫系统抵抗疾病。对于这些关系的研究有时被称为心理神经免疫学。许多可以被冠以医学"奇迹"的，因患者坚信自身痊愈可能性而最终痊愈的案例都应归结为上述系统之间的关联。总而言之，这些在不久以前还被认为基本相互独立的系统之间的联系带给我们新的惊喜和新的视野，并且使我们更全面、更整体地认识身体的运作。

15. 永生的诱惑

不为时间所困，永享此际之乐，长存于最美之刹那，而驻守于点滴之充盈：这是多么强烈的诱惑！然而，时间却也有着其流逝和前进的必要。否则，我们何以与所爱之人相濡以沫，共享生命之激越和安逸呢？这展现了对抗时间断层与张力的两种方式：与世界融为一体，抑或是逃离世界。但有时逃离世界如此吸引我们，使我们愿意不惜一切代价得到它。可我们为了得到它能做到什么地步？对于这一贪婪的追寻是否有着道德的约束？那些宗教与哲学智慧是如何阐释的？这些智慧是如何相悖于近年来出现的新的令人难以置信的可能性呢？

▶▷ 与所存世界的融合之感以及世界的数学帷幕

与世界融合之感是美妙的，与所有流体共同流逝，与消逝、变化又重生、重组的大自然共进退，感受到物理学确证的物质、运动和能量的守恒并接受它们，感觉那些原子与力就好像我们接收到的遗产，又仿佛我们即将捐献的财产，我们就好像是存在于链条上的过客，不断地被重组——对一些人来说，是再生，或是整个自然界运行的一部分，抑或是在自然规律以外的复活。在原子、运动和无形的能量之外，遗传学告诉我们一些稳定的元素支配、构筑并协调这些生命形式：作为所有生命共有的"语言"的遗传密码；作为许多个体同属的、带着些许改变的"书籍"的物种；还有作为"孤本"的个体，在这些个体身上，DNA 在个体生命中通过每一个细胞呈现出稳定性。

这一与自然的交融和深层的个体性并不相悖。基因组展示了集体与个体之间的紧张态势：一方面，人类之间的遗传差异是十分微小的；另一方面，对基因组的详细认知使个性化药物的研制更具有可能性，这些个性化药物会考量每个人的遗传风险。此外，我们人类对自身能否在后辈的生物记忆和文化记忆中长久留存是极其敏感的。

融合并消亡于这个世界，比生命永恒更容易想象。人类感官可以感知世界，而永恒则超越我们的认知。因此，永恒对我们来说更纯粹、更神秘、更抽象：就如数学、音乐与神学。物理学向我们揭示了宇宙中永恒元素的数学性质——运动、能量、普适常数、对称，也向我们揭示了世界通过物理学定律所展现出的理性。我们在生物学中也许可以发现类似情况，即基因和大脑的运算性质：比如 DNA 的碱基是一系列决定蛋白质的符号；又如突触是用来存储记忆的激活的或未激活的符号的整体。这一运算性质由生物学研究中对计算机日益倚重而凸显，计算机的使用对于遗传研究中巨大信息量的处理以及对大脑行为的模拟都是必不可少的，并且使我们以柏拉图式的理想主义接近物理学、生物学和数学。

传统上用以定义物种的元素都是现象型的，也就是可见的、解剖构造和生理结构方面的，与其说是量化的不如说是描述性的，但是近年来倾向于用基因组来定义物种，从而使人们能够更为精确地来描述物种，并且这种方法更接近于概念的、朴素的运算性质。对于个体来说，新陈代谢持续获取、转化并排出物质，所以自我的延续性与其说体现在我们的物质方面，还不如说更体现在包括神经记忆和遗传信息的形式方面。当柏拉图谈及灵魂与思想、当亚里士多德将个体永恒的性质归于形式而非物质、当中世纪神学将形式与灵魂相关联时，他们都指出，一些关键而本质的东西与其说是由物质组成的，倒不如说是由信息组成的。有时人们将有意识的记忆与灵魂关联起来，但有意识的记忆只是"我"的一小部分。生命中一些重要的篇章有时会被有意识的记忆抹除。自我的存在不能等同于有意识的记忆：自我总是超越有意识的记忆。自我的存在位于自我之外：因为我们遗忘的事物也是"我"的一部分，这些我们自身遗忘的事物也许形成了别人对我们的记忆，并且这些别人对我们的记忆，作为外在的回忆，比我们自身的回忆更为重要。

▶▷ 永生的数字性虚构

认为在物质以外存在灵魂便是意味着永生，尽管上帝也许可以在不赐予灵魂的情况下赐予永生。事实上，尽管肉体会腐朽，但是我们现在可以基于 DNA 和神经网络的测绘不停地重组个体，但个体是复杂的：肉体上有生活中留下的疤痕，大脑中带有失败与失恋的伤痛；重塑个体，但如果最终却使之远离曾经所爱之人，那便不是重塑同一个人。

现如今，在人类虚构中或想象中，一条可以称得上与科学沾边的主线是，幻想我们在临死前将我们的大脑和身体信息转移到一台大型电脑中。这不仅仅在于稳定保存也许可以被认为是"灵魂"的回忆，还在于数字性地延长这些信息的活动，甚至使这些信息与其他死亡个体和仍然存活着的人的信息相联通。比如，科学家们尝试让逝者的影像出现在屏幕上，并且因为电脑存储了所有时代的影像，所以人们可以选择与在某一生命时刻的逝者进行对话。原则上来说，假如电脑持续更新，那么逝者的虚拟存在是可以获知在他死后发生的事情的，聊一些报纸上的时事或是家庭琐事之类的当日话题，或者发表一些自己的观点。一般来说，我们的想法与情绪都是可以预测的，所以这一可能性也不难想象。虚拟现实技术甚至可以构建逝者身体的三维影像，并且允许与逝者的身体（或是幻想中的身体）接触，就好像如今在一些虚拟现实技术的使用中，人们可以感知到与远方之人的肉体接触。当然，还未去世之时就将这些信息传输给电脑，并且有机会与我们自己平面的虚拟形象聊天，甚至可以帮忙调整我们存于电脑中的"我"的虚拟形象，这些都令人十分憧憬。

由于计算机的计算能力迅速提高，而这些技术可以带给实现这些技术之人以实际经济收益，所以这些设想也许在不久的将来就会实现。未来的金字塔和家族保护神的古老祭坛都将会变为电脑。对于上帝和永生的想象比所有这些令人不安又鼓舞人心的科学虚构都要强烈和神秘，但是无论如何，既然地球和宇宙中的生命都有时限，那么这些想象也终会灰飞烟灭。

▶▷ 介于遗传宿命论与生物屏障的突破之间

谈及永恒，我们可以想象现在在未来的延续或者过去在现在的延续。有时候，过去就如同担在现在之上的沉重的负累：很久以前，人们将疾病和不幸归结于父辈、祖父辈或远祖的过失。一些科学研究成果的解读也使我们感受到了一些遗传与神经决定性的沉重压力：大众传媒会谈及控制人类嗜酒、疯狂、同性恋、不忠、快乐、攻击性、宗教性等方面的基因，就好像我们的所有方面都被基因设定好了。但人们总是忽略基因很少单独作用这一细节，并且基因的作用同样取决于与外部世界相联系的事件，而文化和社会环境对这一外部世界具有重要影响。在一些情况中，这种"基因决定了一切"的想法似乎使一些不被认同的行为合法化和自然化了；在另一些情况中，这些解读似乎也能用来作为歧视他人的借口。

一种类似的宿命论与神经递质相关，而人类的性格则很大程度上取决于神经递质。焦虑、乐观、记忆、敏感和一些聪明才智都取决于某些神经递质的过量或缺陷。比如，母亲对孩子的母性关怀在很大程度上取决于催产素的浓度——然而，对于养子的母爱则战胜了肤浅的物质主义。另外，大脑并不只是由化学构成的，它还具有一定的结构，这种结构是由突触连接的空间分布而形成的，它具有可塑性。换句话说，大脑结构是可以因个人的努力和活动而改变的。在谈及与大脑和心灵相关的问题时，需要区分记忆的神经基础与积极解析和评估储存着的回忆的记忆能力。然而，在理解神经递质与性格的关系上取得的进步却导致对这一复杂问题决定论的、过度简化的解读。

与这一明显的决定论相悖，科学家们为我们打开了突破祖先的生物屏障的可能性：遗传学研究为我们带来了遗传工程和转基因物种，免疫学研究为我们减少了器官移植排斥，以及神经学研究为我们发展了新型神经药物。人类与机器之间的屏障也开始出现裂痕，不仅因为日益完善的常规假肢的发明生产，还因为人类已然发明出了一些与神经、肌肉、心脏、耳蜗、视网膜和大脑连接的小型机械装置来克服运动和感观方面的缺陷。我们可以试问是否某一天可以将记忆与帮助我们存储与处理数据的计算机连接起来，以帮助我们扩充个人记忆。

▶▷　伦理、法律与社会争议

我们所说的生物屏障的突破和它所带来的希望与担忧，产生了许多伦理、法律和社会问题。而真正面对这些问题却并非易事：科技进步的日新月异使我们无法再对课堂中所学知识深信不疑，我们需要不停地关注那些基本上是通过大众传媒来获取的时事。很多信息都是浮躁而肤浅的，对这些发现真正的评断往往需要更长时间的沉淀。比如，我们获知人类基因组已被排序，但却并没有向我们充分解释它是如何运作的——这一问题更难以解答，我们还未准确知道我们有多少基因，这些基因里又有哪些是显性的、是如何调节的、如何行动的以及有什么样的作用，但报纸则声称我们已然获得一些医学突破。由于在这些研究背后往往有巨大的资本投入，并且往往带有更高收益的预期，以此形成了巨大的压力，导致了草率与盲目自大。报纸新闻可以褒扬或贬低科技成果的价值，决定斥资或撤资，也可以巩固或摧毁研究的声望。

对于将各种动物异想天开的组合一直是人类的幻想：那些关于半人马、凯美拉、人鱼、独角兽的传说多如牛毛并且充满了想象。从实际角度来看，数个世纪的农牧业选择了并且交叉繁殖了许多物种。目前遗传工程允许研制转基因植物和动物，这在某个层面上实现了优化物种的理想，并且使一些古老的神话传说变为现实。这些科技的积极方面在于有可能培育出更能抵抗灾害、疾病或干旱的动植物，并且这些动植物营养价值更高、更环保、更少依赖于杀虫剂和除草剂；此外，其积极方面还在于更有深度、更有效率地研究基因问题导致的疾病。争议主要集中在转基因食品是否会影响身体健康，是否会破坏生物多样性，是否会将全球粮食控制都集中于少数寡头之手。这些风险都需要全面考量并铭记于心。另外，这些研究进步需要大量的投资，那么从这些投资中获取一定的利益也是合情合理的。在一系列的争议之后，人们开始进行针对基因以及转基因生物专利的立法，这需要始终预见这一知识有什么具体的使用价值。也就是说，这种专利并不仅仅局限于基因，同样也涵盖它的具体应用。

对于导致某些遗传疾病的基因的认识允许提前诊断个人是否会得这种疾病，并且建议他采取合适的生活规范来避免或尽可能地延迟病发。但是这同样也带来了各种问题：对自身可能或不可避免地罹患遗传疾病的认知，也许会给个人提前带来心理上的痛苦，并且可能会使他在保险公司或者求职时的利益受到损害，比如保险公司可能会对他提高保费，甚至并不想让他投保。因此，关于这些因素的益处与不合宜之处的争议一直如火如荼地展开着。而痊愈的可能性则更需要从长计议：通过抑制或改变基因的方式，治愈由一个基因导致的疾病尚且具有较高的可能性，但是治愈由多个基因组合而导致的疾病则更为困难。

科学家们已经成功克隆了一些动物，即人工制造与父母基因相同的后代。这些讨论引起了对可怕的纳粹优生政策这一先例的恐惧，也引起了对一些小说家描述的想象中场景的惶恐，比如奥尔德斯·赫胥黎在《美丽新世界》中预见的一个人为制造的种姓社会。尽管实际操作还属不易，但是不难想象人类试图组合控制进攻性、纪律性和强健体魄的基因的想法，用以制造转基因战士并且反复克隆他们，又或者用于制造不知疲倦的、守纪律的劳动力。

把这些想象先放在一边，克隆技术已经因为迫在眉睫的现实原因而变成了伦理问题讨论的主题。将克隆技术应用到动植物，也许可以拯救很多濒临灭绝的物种，更有甚者，使那些消失了的物种复活，比如，让已从自然风景中消失并只存有植物标本的植物重获生命的光辉。然而，将克隆技术运用到人类身上则会产生

很多问题。将一个本应消亡的卵子的 DNA 替换成一个个体细胞的
DNA，并且让它复制 15—20 次之后仍不将它移植，这样做是人道
的吗？干细胞会引发很多问题，但同时也给很多重大问题提供了
解决方案，那么我们应该利用干细胞的优势吗？似乎以得到干细
胞为目的的治疗性克隆技术是可以容忍的，这些干细胞没有完全
分化并且可以在植入一个组织和器官之后生产出各种不同类型的、
与其周围细胞类似的细胞。截至目前，我们并没有充分了解这些
新细胞的发育种类；假如不能完全控制它们，也许会产生癌变，
而不是弥补个体缺陷。生殖性克隆技术则更能体现深层次的问题：
我们无法接受克隆一个人，并从这个新发育个体身上获取替代器
官，因为这将宣告这个个体的死亡或毫无用处。

常数、守恒与对称: 宇宙的记忆

古希腊哲学家认为世界永恒的基础存在于数和原子之中: 一种远远超越即刻感知的永恒, 它位于最抽象的思维中, 或处于最微妙的物质中。如此, 充满变数的现实世界只是提供给感官的表象, 只是最深层真实的间接体现。毕达哥拉斯、柏拉图以及一些其他学者提出了宇宙的数学秩序, 这是对于永恒存在的最初的阐释之一。随着数学和物理学的发展, 毕达哥拉斯描述的这些粗略的关系变成了日益完善且更具有概括性的定律。

事实上, 数学对于世界异乎寻常的描述能力早已震惊世界, 且仍然引起无数研究者的惊异: 我们建造了关于这个世界的数学理论, 并发现根据这些数学理论而完成的预测与我们进行的观察和实验高度契合。一些作者解释说数学本身就是基于我们对现实生活的体验而形成的, 所以它与现实高度吻合不足为奇。尽管如此, 数学家们构建了许多抽象的数学模型, 这些抽象结构超越了许多我们先前的体验, 而且也许在多年之后, 它们仍然可以被用来描述我们完全无法想象的现实的一些方面。举几个例子来说, 广义相对论被用于张量分析, 在引力场中的光线路径弯曲的预测, 对引力波的预测; 还有由量子力学中的狄拉克方程式推导出的暗物质的存在。

　　在本书的这一部分，我们将从三个方面来概述物理学是如何看待自然界中的永恒的：守恒定律、物理常数和对称。尽管这三个概念似乎与蕴含着数学的现实相符，但就如柏拉图主义中提出的那样，它们表达的是数学秩序与物质之间的深层关联。事实上，这三个概念早在柏拉图的原子模型中的正多面体上就已经体现出来：关于基本三角形总数的守恒定律；原子的正多面体的对称性。

　　在20世纪的物理学中，数字与现实结构之间的关系变得尤其重要：爱因斯坦将能量与物质关联起来；宇宙学证实了物理常数值对宇宙物质内容至关重要的作用，一个有着与现实不同的常数值的宇宙是无法孕育复杂分子或生命的；相对抽象的对称性为夸克理论和弱电统一理论提供了对基本粒子的系统的、颇有成效的分类方法。就如柏拉图的推断一样，数学秩序与物质秩序有着深层的关联。

16. 守恒定律：物理统计学中不变的平衡

对于巴门尼德来说，真实的世界是永恒不变的；对于赫拉克利特来说，世界的真实是永恒流动的，而德谟克利特试图将这两位学者明显对立的观点结合起来，提出了原子的概念。不可分的、不变的原子代表巴门尼德式存在的永恒性，而由它组合而成的各种物体，因其脆弱性和偶然性而表现出了赫拉克利特式的流动性。如此，德谟克利特成功地在没有提出形而上的实体的情况下，将两种观点结合了起来。伊壁鸠鲁在这一原子论的基础上，建立了物质主义哲学，一种有节制地、审慎地享受生活，设想人死后再无苦难并彻底消亡，以此得到精神宁静的智慧。

柏拉图受到了毕达哥拉斯和巴门尼德的影响，在熟习了原子论之后，试图通过理念论将永恒与变化融合起来。这一理念代表着不变更的、永恒的、优美的现实：数是真实的一部分，并且赋予原子形态。数学概念是永恒理念的一个例子，它们不以人而改变。"大自然宛如用数学语言书写的一部书卷"，这一句话后来也被伽利略引用，并因伽利略而普及。

▶▷　柏拉图主义、数学和守恒定律

数学、原子……柏拉图结合了原子理论和毕达哥拉斯派数学理论，并赋予四种元素的原子各种正多面体的形状——正四面体状的火原子，正八面体状的气原子，正二十面体状的水原子，还有立方体状的土原子；同时柏拉图还通过几何定律来限制可能存在的原子组合，这些几何定律与一些基本三角形的数量守恒相关。因此，这些多面体的每个面，即三角形和正方形的，可以分解成两种不同的直角三角形：等腰直角三角形，即用斜线把正方形分成两半之后所得的两个部分；不等边直角三角形，由高线把等边三角形分开的两个部分。柏拉图提出这些基本三角形不能被创造或销毁，所以在每次变形中这些基本三角形的数量应该是守恒的，这也许是科学史上的第一个守恒定律。在这一极具原创性的观点中，数和原子这永恒的两种最初的表现形式相互汇聚。

守恒定律指的是具体物理量的永恒：线性动量和角动量、能量、电荷等。其中一些定律是十分精确的，而另一些定律则只能算是近似，比如质量守恒定律，只能运用到一些化学反应过程中，但是无法适用于核反应。守恒定律为余下的所有物理定律制定了它们必须满足的基本原则。假如用法律来打个比方，守恒定律就好似宪章，而其他的法律都必须遵守宪章。守恒定律主要建立在一些数字存在的基础上，这些数字就是一些物理量值，它们无论经历了怎样的过程，都在大自然的变迁中保持恒定。

▶▷ 线性动量

在 17 世纪，伽利略提出了与亚里士多德物理学相左的惯性定律，用来解释使哥白尼的太阳系模型失效的悖论。这一惯性定律出现在他的两部著作之中：《关于托勒密和哥白尼两大世界体系的对话》（1632）和《关于两门新科学的谈话和数学证明》（1638）。在哥白尼模型中，为了解释太阳一天的运动，需要假设地球以较大的速度自转，在赤道上这一速度约为每小时 1700 千米，而在中纬度约为每小时 1200 千米。

在亚里士多德物理学的理论框架下和人们的日常感知中，可以找到反对地球自转的一个论据就是假如我们跳起来，地球在我们脚下向东移动，我们就应该落到不同于我们起跳的位置，假如我们跳起了一秒，那么我们就会离起跳点距离约 300 米。既然这种现象在日常生活中从未发生过，人们想当然地认为地球没有自转。同理，在投掷石块或发射导弹时，因为飞行时间更长，所以石块和导弹理应移动了更长的距离。事实上，根据亚里士多德的理论，一个物体只有在受力时才会移动，因此当地球不再拖动它时，它应该还保持在投掷点的垂直方向上。

对于伽利略来说，假设物体在没有受到任何外力的情况下，仍倾向于保持它的动量——质量乘以速度之积，那么这一悖论就可以得到解决：这就是惯性原理的基本内容。如此，一个人跳起之后，会保持在跳起之前与地球一起向东的运动，并且和地球一起转动。也因此，这个人会重新落回到起跳点，人们虽然没有观察到这个人与地球的相对位移，但这并不意味着地球没有自转。惯性原理并不是学术研究的结果，而是由特定文化背景下对宇宙模型的讨论促成的。在伽利略之前，惯性代表着使静止物体移动的困难性；物质基本上是不动的，或者说是瘫痪的、死亡的：物质不能自发移动。对于伽利略来说，没有任何有特权的静止状态，不存在任何绝对的不运动，也不存在任何绝对运动。地球的物质并不必须与静止相绑定：物质在空间中永恒地飞翔，它从静止的束缚中解放了出来。

在 14 世纪，让·比里当已在冲力说中预见到了动量守恒。笛卡儿在《哲学原理》（1644）中，将伽利略的理论转化为守恒的基本原理，断定宇宙中的总动量是不变的，并且认为这一守恒原理可以解释所有的现象。因此，所有的现象都可以用力学原理来描述，并且绝对论力学适用于整个世界。笛卡儿的机械论，将碰撞视作运动交换的形式，在此基础上不承认远距离作用力的存在，而之后牛顿则证实了这种远距离作用力。牛顿的太阳系模型是绕日旋转的巨大的拖曳着行星的粒子旋涡。

在《自然哲学的数学原理》（1687）一书中，牛顿将惯性原理作为力学第一定律，并且补充了其他两条定律。力学第二定律，或称为动力学基本定律，规定了单位时间动量的变化与作用在物体上的力是一样的。假如物体有恒定质量，这一阐述就是广为人知的力等于质量乘以加速度。牛顿定律相对于伽利略和笛卡儿的理论是一大进步，构成了现代力学的一大基石。

此外，牛顿还论证了第三定律，作用与反作用力，确定了假如一个物体向另一个物体施加力，那么后者也会向前者施加大小一致、方向相反的反作用力。这一相互作用并不明显：在自然界中有很多非力学性质的相互作用并不符合这一原则。然而，在力学中这一原则是必不可少的，因为假如把两个非移动的物体放在一起，一个物体对另一个物体施加更大的力，那么这两个物体就都会自发运动。

在粒子系统中，尽管系统中的一些粒子会获得动量，而另一些粒子会失去动量，但作用力与反作用力原则可以体现出内力不会改变总动量。这一定律在对碰撞或导弹运动的研究中非常有用：假如研究碰撞中不同速度还需要考虑内力，那么这一问题就变得十分复杂。相反，在设定最后总动量与最初动量相等的前提下，这一问题就被极大地简化了。

惯性定律对文化有着重大的影响。首先，惯性定律意味着与亚里士多德物理学的分离，而亚里士多德物理学在近两千年中都享有绝对权威。其次，解释了为什么我们在日常活动中不能直接观察到地球自转作用，并在此基础上证明了地球自转的真实性，使得哥白尼模型变得可信，甚至还改变了人们的宇宙观。再者，它也改变了人们对上帝与世界之间关系的看法。在亚里士多德物理学占统治地位的年代——被圣托马斯·阿奎那在他的《神学大全》中采用，物体的运动被视为一个发动机不停作用的表现。因此，他所提出的五条通向上帝存在的道路之一恰恰就是物体的运动：必然存在第一个不动的推动者，这就是上帝。相反，在惯性定律的理论框架中，上帝也许可以创造包含着运动与力的世界，然后撤离这个世界——就好像一个钟表匠，他在制造完这项工艺品并且上完发条之后就再也不用看顾它。因此，惯性定律意味着上帝对这个世界的远离，而且它还开启了对宇宙运动的力学释义的时代。

▶▷ 角动量

平移平衡的条件——所有施加力总和为零，不能保证转动平衡。比如，在一个方向盘的直径两端施加两个方向相反、大小相等的力，这个方向盘会旋转，尽管施加力总和为零。对转动的研究需要考虑角动量，在粒子圆周运动的过程中，角动量是质量乘以速度乘以半径的积。

如果系统没有受到外力，并且粒子之间的作用力在它们连线的方向上，就像引力或静电力那样，那么角动量不变。其中最重要的表现之一就是开普勒第二定律，根据这个定律，在单位时间内，太阳和行星之间的连线扫过的面积是一样的，这表示行星越靠近太阳就运动得越快。另外还

图 16.1　角动量守恒

注: 由于角动量守恒，随着地球自转逐渐刹停，月球远离地球。两者之间的距离可以通过激光精确测量。

体现在行星收缩时角速度的增加，因为行星的半径越小，就需要旋转得更快以保持半径与速度的乘积不变。这使得由白矮星收缩演变而来的密度极大的中子星的每秒旋转数达百次。

另一个表现在于，随着地球因为潮汐的摩擦而导致自转速度的减小，月球逐渐远离地球。为了保持地月系统角动量恒定，月球逐渐远离地球，因为月球增加旋转半径，弥补了地球角动量的减少。地月之间的距离通过从地球向月球发射激光来进行准确测量，这一激光通过 1969 年阿波罗 6 号的宇航员放在月球表面的特殊镜面反射。激光的来回时间可以准确测量距离并测定出月球目前的远离速度约为每年 5 厘米。这一方法甚至可以测量地月之间几毫米的距离变化，而这些变化与海啸有关，因为海啸带动了较大质量的运动，会略微调整地球的角速度。

关于角动量守恒的实际应用以及它对观念的影响，可以隐约追溯到公元前 3 世纪的阿基米德杠杆原理，绝大多数机器就是基于这一原理。它证实了力臂越长，就需要越少的力来进行操作。这一发现显著提高了人类的行动能力。在其名言"给我一个支点，我就能撬起地球"中，阿基米德表达了能够成倍提升力的作用的信心，并且赞颂了智慧相对于蛮力的胜利。

▶▷　能　量

能量守恒定律是物理学中最著名的："能量不会凭空产生，也不会凭空消失，只会转化。"尽管如此，对于这一定律的探索历尽坎坷。包括物体运动的能量——动能、引力势能、电势能和弹性势能的机械能守恒在 18 世纪末期成为物理学的一部分，这是由于人们观察到作用在物体上的功增加它的动能，也就是质量乘以速度的平方，莱布尼茨将它称为 "vis viva"（拉丁语中"活力"之意），后来才被最终确立为动能，而在这以前这两种名称一直并存。

笛卡儿和莱布尼茨争论 "vis viva" 这个概念是不是多余的，笛卡儿认为是没有必要的，而莱布尼茨则认为是有必要的。一个直观的例子可以展现出它的必要性：假设有一辆重 1000 千克、每秒移动 1 厘米的轿车和一颗 10 克重、每秒前进 1 千米的子弹。我们知道当我们在车库里推车时，这辆每秒移动 1 厘米的轿车对我们不会造成任何伤害，但是每秒前进 1 千米的子弹却足以致命。尽管如此，两者都有着相同的动量，但是子弹却有着比轿车高几万倍的动能。因此，子弹这一破坏能力是因为它极高的能量值，而不是它的动量。

不花费任何努力就能得到结果一直是人类的梦想。1587 年，西蒙·斯泰芬首次证明了这一理想的不可实现性。尽管能量守恒定律广泛传播，但是不费努力就能获取功的想法一直吸引着人们做出各种不切实际的尝试，直到巴黎科学院在 1775 年拒绝再接收任何关于"永动机"的文章，"永动机"是为实现这一贪婪壮举而假想的机器的名称。

将热效应纳入考量范围使问题更为复杂。将热视作能量需要先否定将热视作物质的观点，比如根据燃素说这个理论，热是物体内包含的一种物质，在燃烧中释放出来；又如拉瓦锡在《化学基础》（1789）中提出的热质说，认为热是一种无法估量的、微妙的液体，在不同温度的物体之间流淌。热质说在对热传导、声音速度和热机效率的研究中起到了很大的作用。

笛卡儿、汉弗莱·戴维和拉姆福德伯爵可以说是用物质主义观点来看待热的先祖。其中一个反对热的物质性的论证就是摩擦能产生不确定量的热。这在一开始并不困扰热质说的支持者，他们认为物体储存了一定的潜热，可以通过摩擦来释放。而之后，拉姆福德伯爵，幕尼黑兵工厂指挥官，在观察到炮管镗孔过程中产生的大量热之后，测量了铁在这个工艺过程之前和之后的比热，并没有观察到任何变化，因此他排除了摩擦改变物体的热质的可能性。因为在摩擦中只消耗了一些运动，所以他提出了热是组成物体的微粒内部运动的假设。

卡诺和焦耳等研究者提出了关于热机更详细和量化的思考，迈尔和亥姆霍兹等作家对生理过程也进行了如此思考。对于迈尔来说，这一思考源于他在担任从荷兰到爪哇的航线上的海军军医时，观察到海军的静脉血在热带地区更红，而在荷兰地区则更蓝一些。以此他推断出比之其他更寒冷的纬度，在热带，静脉血携带着更多的氧气。鉴于海军在这两个地方所完成的工作都是一样的，迈尔将这种氧气含量上的差异归因于热带气温更高，并认为氧气不仅用来完成功，还用来产生热，这一热的生产在热带比在荷兰更少；他还推导出功和热是同一事实的不同方面。

焦耳的研究方法更为特殊：他是一个精益求精的实验者，通过搅动液体而产生热的研究，得到了热功当量，即单位功与单位热量的关系。在 1850 年前后，科学家们清晰地认识到了热和功都是能量交换的一种方式。在 1830—1850 年之间，最终提出了能量守恒定律。

能量守恒定律引起了能量论者和原子论者之间的争议。原子论者在原子中找寻世界的永恒，但他们所指的原子并不能被观察到。能量论者在得到一些重要成果的基础上不禁问道：假如能量可以被人为测量并且为现实提供了一个稳定的基础，那么原子的存在是否还有必要呢？关于这一领域的争议涉及面广，并且推迟了原子理论的普及，尽管当时在气体动力学理论上已取得了长足的进步。原子理论在 1910 年才因各种真凭实据而被广泛接受。

1905 年爱因斯坦在特殊相对论的框架下，提出著名的方程式 $E=mc^2$，其中 E 代表能量，m 代表质量，c 代表光在真空中的速度，此外还设定了质量是能量的一种形式。从那时开始，科学家们证实了在核反应过程中和其他一些蕴含高能量的反应过程中，质量不守恒。例如，破坏原子核并分离其质子和中子所需的能量是各个组成部分的质量的总和减去原子核的总质量。这一定律准确描述了核反应中释放的能量。

能量守恒定律被提出之后，仍时而会有一些对其有效性的质疑。发现放射性使人们认识到了加热的巨大能量，但这似乎有违能量守恒定律，例如用 1 克的镭加热 1.5 克的水，在一小时之内就能把处于冰点温度的水加热至沸腾。1904 年，卢瑟福将这一能量归结为原子核内部的一些变化，爱因斯坦在 1905 年将这一能量与方程式 $E=mc^2$ 关联起来。在 20 世纪 20 年代，在微观物理学领域又产生了一些新的对于能量守恒的质疑。在 β 衰变——原子核发射一个电子的过程中，发射的电子并不总是具有相同的能量，这使得玻尔提出能量平均是守恒的，但并不是在所有过程中都守恒。而沃尔夫冈·泡利则深信能量在每个过程中都守恒，以此他认为存在一种新的粒子——没有电量且质量极小甚至为零的中微子，它们与电子分摊衰变的总能量。在 1957 年，科学家们发现了中微子，至此能量守恒不再遭受质疑。我们在这个例子中能发现能量守恒定律的洞见性：假如能量守恒定律在某一情况下不适用，那么我们就应该思考也许是存在一些我们没有意识到的实体，而这一实体的能量保证了总能量的守恒。

　　然而，什么是能量呢？通常我们都会将能量定义为做功的能力，但是这种定义可能会使我们认为，功一旦被完成，能量就不复存在。我们可以确信的是能量不是一种物质，因为能量可以有很多种表现方式，比如与运动相关的动能，储存在一个系统内的引力势能、弹性势能和电势能，粒子质量等。也许最准确的方法就是把能量定义为与一个系统的每个状态相关联的数，它在孤立系统的每个可能的转化中都保持恒定，但是这一抽象的定义使我们更难理解能量的具体表现所呈现出来的真实性。我们也变得和毕达哥拉斯一样，都坚持数是真实世界的本质。

　　一个与能量的数的性质相关的问题是能量标度上的零点能量。经典物理学只关乎能量的差异，这种差异表现在功上。因此，能量的起源或零点能量都无据可依，但是这一模糊性随着 $E=mc^2$ 方程式的提出而消失，因为这一方程式赋予了一个有着静止质量的物体具体的能量值。广义相对论同样消除了零点能量的模糊性，因为在广义相对论中，能量确定了时空曲率，因此零点能量对应了一个平坦的时空。这将我们导向宇宙学：目前，科学界认为宇宙的总能量也许为零，鉴于行星蕴含的巨大能量，这一想法初看似乎令人难以接受。但这一事实是建立在物理学中，像引力这样的因物体间吸引而产生的能量，它们的能量值都是负值，所以宇宙中能量的正负值相互抵偿是可能的。如果真是如此，那么根据一些物理解释，宇宙有可能是量子涨落的产物。事实上，海森堡的不确定性原理已经预见量子真空是粒子对或反粒子对的持续出现与消失，它们的出现或消失时间与其能量成反比。那么，既然宇宙的总能量为零，量子涨落的持续时间可以成为无穷，宇宙空间的无穷性也就与它能量的零值息息相关。

▶▷ 电荷与色荷

电荷守恒是"荷"守恒定律中的第一条定律。早在古希腊人观察到摩擦玻璃或琥珀时可以获得吸引或排斥轻质物件的力时，他们就已经发现了静电力的作用。在 18 世纪中期，人们已经认识到了两种电荷的存在，它们被称为玻璃电和琥珀电，人们还认识到了同种电荷相斥，异种电荷相吸。本杰明·富兰克林在 1747 年将这两种电荷名称改为正负电荷以便于它们的数学计算，此外他还提出了总电荷量守恒的概念，库仑在 1785 年提出了测定电荷之间相互作用力的定律。由于电力具有正负性，它们会相互中和，所以尽管电力作用面广并且强度很大，但它对宏观物体的影响微乎其微。相反，由于具有质量的物体之间总是有引力作用，所以比电力更微弱的引力在远距离上起到关键作用。

对于电荷更切合实际的概念形成于 19 世纪中叶。在 1897 年，约瑟夫·约翰·汤姆森发现了电子，随之科学家们又发现了组成原子核的质子和中子。所有自然界中观测到的电荷都是电子电荷的倍数，除了从未被直接观测到的夸克的电荷是电子电荷的 2/3 或 1/3。

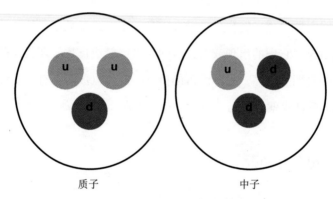

图 16.2　质子和中子由夸克组成

注：夸克有两种"荷"：电荷（具有正负性）和色荷（引起强相互作用，可以有三种值，通常称为红、绿和蓝）。

自然界除了电荷以外还具有其他"荷"。1965 年，科学家们提出夸克除了具有电荷以外，还具有另一种"荷"，与电荷只有正负值不同，这种"荷"具有三个值。科学家们将这三种值称为红、绿和蓝，因为那些常规性颜色都可以通过三原色表现出来。与这种荷相关的力被称为色力，对色荷的研究被称为量子色动力学。

夸克构成了质子（uud）、中子（udd）以及其他统称为强子的微粒，夸克之间的色力制造强互相作用，这种作用保证了即使质子之间静电相斥，其原子核仍然聚合。色力与电力不同，其中一个不同的方面就在于夸克之间距离越大，色力就越强烈，这种特性也使得科学家们不能将夸克分离开来观察研究。

夸克的色荷总是呈现出组合之后的"白色"，如同电荷总是呈"中性"，三种不同色荷的夸克可以组成被称为重子的质量较重的微粒，同一种夸克和另一种与其对应的反色夸克可以组成质量中等的被称为介子的微粒。当然也能想象4种或5种夸克的组合，但前提条件是这种组合的整个色荷值为零，即"白色"。就如电荷一般，色荷是守恒的量值。

▶▷　宇宙的荷、力与活力

总而言之，"荷"的最广为人知的方面就是它制造和试验力的潜能，比如电力和强相互作用力。"荷"的不同符号将物质世界描绘成了一场吸引与排斥的游戏图，然而荷总量守恒为零，并不保证世界活力守恒，但是假如所有荷全部湮灭，那么世界就会崩塌。但是现实世界的活力，并不总是"荷"的作用结果：磁力就没有"磁荷"，而是来源于电荷的运动。"荷"的第二个方面与守恒定律直接相关，指的是依据是否满足相应的守恒定律，某些过程的可能性或不可能性，即在这种情况下，"荷"只作为限制条件而不作为活力源。

17.基本物理常数：宇宙身份的数学编码

把身份这一概念加诸宇宙也许是一件荒谬的事。我们认为身份是用以区别、定义的工具，它标志着它的唯一性和在时间中的存在性。假如这个存在的、可感知到的宇宙是唯一的，那么也许就不需要将它和其他的可能性区分开来。但是，由于种种原因，现今的物理学不仅关注我们所观察到的宇宙，还关注其他的可能性，无论是真实的还是理论上的可能性，就如同生物学开始关注那些不为我们所知的其他生命形式一样。

假如说生物的分子身份与分子中的 DNA 信息相关，那么宇宙的身份则取决于物质和结构的基本物理常数，这些物理常数可以比作宇宙的 DNA：以特定的形式阐明身份的信息容器。因此，基本物理常数值得深度研究。

这些常数是出现在基本物理定律的数学公式中的普遍系数，它们确定了粒子之间的基本作用力。它们的数值已用经验主义的方法被确定，但是没有任何一种理论可以预测这些数值或者建立这些数值之间的关联。科学家们开始重新关注这些常数值，是因为他们发现某些常数值的微小变化都可能使我们的宇宙大大改观。在常数值不同的宇宙，不会有比碳更重的原子核，也不会有足以形成生物的分子，这些都使科学家们对这些常数和它们的数值产生了浓厚的兴趣。

►▷ 取决于时间的定律？

我们已经可以确定和测量那些出现在基本物理定律中的常数。这些常数取决于时间吗？如果真的如此，那么物理定律的表达式就可能会随着时间而改变。科学家们已经进行了一系列的天体物理观测来确定这些常数是否会随着时间而变。虽然我们不了解其原因，结果似乎表明常数是不变的。因此，我们居住在一个随着时间而变化的宇宙中，但是这个宇宙却为不随时间而改变的定律所支配。我们应引以为异，而不是认为理所应当，因为说到底，研究的一个至关重要的元素就是它令人惊奇的能力。也许定律中有数学秩序，但也可能有绝对的物理无序。为什么在变化的背后，存在或应该存在不变的东西呢？

►▷ 引力：牛顿的常数

第一个引入物理学的普适常数出现在 1687 年牛顿提出的万有引力定律中，这一定律描述的是，两个相隔一段距离的物体之间的力，是它们的质量之积除以距离的平方再乘以普适常数 G（也被称为引力常数）。牛顿最大胆的论证就是提出这一方程式不仅适用于太阳与行星之间的引力计算，同样普遍适用于描述任意两个物体之间的相互作用力。不仅绕日行星的公转，而且卫星相对于行星的公转过程中半径和轨道周期之间的关系都符合开普勒第三定律，这足以证明牛顿的假设，此外牛顿的万有引力定律还成功预测了哈雷彗星的周期。

万有引力令人费解、众说纷纭的一个方面就是它远距离的作用力，即通过宇宙真空来瞬间传递引力。爱因斯坦提出的广义相对论根据时空的几何学重新解读了万有引力，并将牛顿定律作为一个特殊的限制，但是引力常数 G 在广义相对论中的地位与它在牛顿理论中的地位相同。

由于两个常见物体之间的引力通常十分微小，所以测量常数 G 的值十分困难。卡文迪什在 1789 年第一次测量出引力常数值。他的论文名为《测定地球密度的实验》，在已知 G 的数值、地球半径和地球表面重力值的条件下，可以通过牛顿定律来计算地球质量。从那时起，就产生了许多为了更精确地测量常数 G 的值而进行的实验。

常数 G 的值在宇宙学中有很大的研究价值，因为根据宇宙密度是高于还是低于某个阈值，常数 G 的值决定了制动宇宙扩张的节奏和宇宙遥远的未来——将会是无限期地膨胀还是膨胀到极值之后收缩。常数 G 通过影响宇宙扩张的速度，对宇宙前 3 分钟的轻核的形成也起到了作用，且这些轻核的相对大量存在可以帮助估算常见物质占宇宙总内容含量的极限值，而宇宙则由带有引力作用的暗物质和带有排斥力的暗能量主导，虽然暗物质与暗能量的构成我们尚不得知。

在天体物理学中，常数 G 决定了行星上压力和温度的分布，或者间接地影响行星的进化节奏，这一进化节奏取决于受到引力作用的收缩和受到热力作用的膨胀之间的平衡。大行星需要更高的温度来对抗更大的引力压强，因此比起小行星，大行星更快地消耗核燃料。在地球物理学中，常数 G 的精确值对于矿层的勘探有着很大的作用；在宇航学中，常数 G 的精确值对于卫星轨道的详细计算和控制非常重要，此外，还对地月距离的研究和地势起伏的动力研究至关重要。

除了这些多少实际的原因，对于常数 G 和它随着距离与时间的可能变化的详细测量，虽未在牛顿定律中体现出来，但也需要先予以考量，因为它对其他一些更本质的问题有着极大的价值。常数 G 随着距离而产生的变化，可能导致与距离的平方成反比的引力作用的变化，更确切地说，以星系半径的距离进行测算所得的引力作用的变化，会比以太阳系半径的距离来测算大许多。这也许可以解释，为什么星系以比其自身可观测到的总重量所允许的速度更快地旋转，而没有崩塌。通常的解释是可观测到的星系质量只是总质量的一小部分，另一大部分的质量源于暗物质。

另一个对牛顿定律的有趣调整是在短距离的引力作用上，如在毫米或更小的距离上，空间并不是我们所熟知的三维的，而是四维或五维的，此外，除了引力可以作用于这些额外的维度，其他的相互作用力都是被阻隔的。在物体之间的距离不超过 1 毫米的条件下，假如空间有四个维度，那么引力作用与物体之间间隔距离的三次方成反比，而不是与距离的平方成反比。

狄拉克在证实了宇宙中可观测到的质子数是电磁力除以引力

所得的商数的平方之后，在 1930 年提出了常数 G 随时间而变化的观点。那么，这个可观测的宇宙随着时间而扩张，它所蕴含的粒子数随着时间而增多，况且电磁力除以引力的商数取决于常数 G；因此，一个保持不变的方式就是常数 G 随着时间而变化。这一观点引发了许多理论和观测研究，证明常数 G 在整个宇宙历程中变化小于 1/100，这一变化是狄拉克提出的数值的 1/100。

▶▷　**电磁常数**

另外两个物理学中的普适常数出现在电磁定律中。1785 年，库仑通过实验制定了关于两个静止点电荷之间的作用力的定律，作用力大小为它们电量的乘积除以它们之间距离的平方，再乘以普适常数——真空电容率的反比。1819 年，奥斯特在哥本哈根发现了电流产生作用于磁针的磁力。之后不久，安培在巴黎提出了单位长度的两根平行载流导线之间的磁力等于电流强度之积除以电线之间的距离，乘以一个普适常数——真空磁导率。

这两个普适常数对物理学有极大的意义；然而，假如物体并不处在真空中或空气中，这些"荷"就可能处在其他物质中——比如，在水中或酒精中，这些常数就应该根据不同的材料而调整。我们回到真空中的力的情况。麦克斯韦于 1865 年提出了电磁理论，它是对不同物理现象的美丽而有效的数学整合，并以此推导出电磁波的存在，它在真空中的速度为拉普拉斯常数与库仑常数的商的两倍的平方根，恰为每秒 30 万千米，与真空中的光速一致，以此推导出光是一种电磁波。几年之后，科学家们成功地人为制造了电磁波，马可尼将电磁波运用到无线电报中，开启了通信时代。

▶▷ 光 速

相对论和量子力学理论经常被错认为是相对性和不确定性的表现，它们为物理学提供了两个新的基本常数：光速和普朗克常数。

测量光速是一个艰苦的事业。罗默于 1676 年第一次获得了测量数据，他是通过对木星的卫星伊娥与地球的距离最大时相对于两者距离最小时，卫星蚀现象产生的滞后来获得的。罗默将这一时间的延迟归结于光通过地球轨道的时间，并认为这一速度约为每秒 21.5 万千米，与正确的速度值差以千里，这是因为当时人们并不准确了解地球轨道的半径，但罗默的贡献是证明了光的传播并不是瞬时的。1849 年，斐索构思了另一种测量方法，这种方法不涉及宇航学。他使光束被传递至几千米以外的镜子上，并在光束前面旋转齿轮，然后逐渐加快齿轮的旋转速度，直到光束的来往时间与齿隙被它相邻的齿隙旋转覆盖所需要的时间一致。傅科在 1868 年设计了一种更精确的测量方法，仅使用了一面旋转的镜子和几平方米的空间，以他命名的还有著名的傅科摆，它的振荡平面随着地球自转而旋转。美国人迈克耳孙第一次利用干涉的方法极其准确地测量了光速，此外，在他与莫雷于 1887 年共同完成的实验中，他们并没有发现地球相对于假想以太的运动，而以太在麦克斯韦电磁理论中是不可或缺的。

因此，爱因斯坦在 1905 年提出特殊相对论，认为真空中的光速是自然界的普适常数，对于所有的观测者来说都是一样的，与发射者和接收者的速度没有关联，与信息的最大传播速度也没有关联。这一理论与迈克耳孙—莫雷实验的结果吻合，并保证电磁公式对于所有匀速前进的观测者来说都是不变的。光速的实质向我们的口常体验提出了挑战，并且强烈地改变了我们对于空间、时间和质量的概念，就如我们在第 8 章中提到的那样。

▶▷　原子论：玻尔兹曼常数

阿伏伽德罗数是一摩尔物质所含的粒子数，因此对于原子存在有着极大的影响。1808 年，阿莫迪欧·阿伏伽德罗提出在同样的温度和压强下，相同体积的任何气体的分子数始终是一样的，以此将原子论设想与理想气体定律相协调。阿伏伽德罗数实现了从宏观物理量向微观物理量的过渡，因此对于原子论的论证起到了很大的作用。20 世纪初，科学家们尝试了 13 种不同的方法来测量阿伏伽德罗数。所有实验都测算出相同的数值，这对于原子论假设最终被采用至关重要。

通常来说，我们不将阿伏伽德罗数作为基本物理常数，而是将玻尔兹曼常数作为基本物理常数，它等于理想气体常数除以阿伏伽德罗数，在统计物理学中起到了至关重要的作用。这一常数将气体分子的平均平动动能与绝对温度联系在一起，并将绝对温度阐释为气体分子热运动。

▶ ▷ 普朗克常数

这一常数第一次出现在马克斯·普朗克 1900 年关于辐射的研究成果中，他将辐射频率 f 与相应的能量值相关联：$E = hf$。根据普朗克的研究，电磁能量并不以任意量交换，而是以量子的倍数进行交换，由此诞生了量子力学。爱因斯坦将这些想法运用到光电效应和固体比热中，波恩将它们运用到了氢原子的结构描述中。从那时起，量子思想深深植入物理学中，并将研究者的兴趣集中到原子和分子世界。

海森堡于 1925 年提出的不确定性原理使普朗克常数获得了新的理论深度，根据这个原理，动量的不确定性乘以位置的不确定性应该大于等于普朗克常数。这一关联为微观世界的研究可能性设定了绝对界限，或者更深层次地指出微观世界的存在形式与宏观世界不同。同时，它打破了经典力学的决定论，因为在经典力学中若要确定运动，需要同时准确地了解起始位置和速度。

对于海森堡原理的第一种解读指的是测量的可能性：因为在经典力学中能量没有最低限制，所以原则上，观察一件物体而不对它产生任何改变是有可能的；相反，在量子物理中，观察一件物体所需要的最小能量并不是零，因此，有可能使物体发生可见的改变，物体质量越小，这种作用就越大。对于海森堡原理的这种解读也意味着假如我们不做任何测量，一个如电子的物体有确定的位置和速度。然而量子物理并未止于此，它还得出当我们不测量电子的位置和速度时，电子就没有位置和速度，一个非局域性实体同时占据了整个空间。1964 年，这一令人难以置信的观点由与约翰·贝尔推导出的不等式相关的实验所证实，之后阿兰·阿斯佩带领的实验组于 1980 年在巴黎验证了贝尔不等式，其后又得到了多个其他实验小组的验证。普朗克常数对我们的世界观产生了很大的影响，它不仅证实了所有客观存在都取决于观测者，还影响了我们对决定论的认识。

► ▷ **基本粒子的质量**

约瑟夫·约翰·汤姆森在 1897 年发现了电子、电荷及电子质量，密立根在 1913 年左右首次测量了它们的数据。它们也是大自然中的普适常数，如同其他各种基本粒子的静质量。根据现行理论，最基本的粒子要数夸克和轻子。轻子受到电磁相互作用力和弱相互作用力的影响，但不会受到强相互作用力的影响。夸克受到三种作用力的影响，它们三三组合或两两组合形成强子。

夸克和轻子的质量和电荷已被精确测量。其中一些数值的巨大差异令人惊异，比如夸克 t 质量（125 MeV，MeV 是 100 万电子伏，它是基本粒子质量的常用能量单位）和夸克 u 质量（5 MeV），还有轻子 tau 质量（1784 MeV）和电子质量（0.5 MeV）。基本粒子的质量到目前为止是经验主义数据，最根本的理论的目标之一就是解释这些基本粒子的质量之间的关系。为什么电子的质量是质子的 1/1864，而不是像 1500 或 80 这样的整数倍数呢？假如这一比值改变，那么宇宙的面貌会发生什么样的改变呢？另一个热点研究主题就是中微子的质量，它的质量虽然很小但是对天体物理学至关重要——如太阳中微子和中微子在它的三种身份之间的摆荡，即电中微子、渺中微子和陶中微子；中微子对宇宙学也有很大的作用——如中微子可能就是暗物质。

▶▷　三个关注问题

我们可以谈及与弱相互作用力和强相互作用力相关的其他常数，但是这样就会把我们带到更专业的领域，这与此书概述总结的目标相去甚远。尽管如此，与普适常数相关的三个方面仍然值得特殊关注。

宇宙对于物理常数值的敏感性：人择原理。科学家们已经在理论上验证了物理常数的轻微改变会导致一个没有重原子和有机物质的宇宙，且与我们生活的宇宙十分不同。比如，比常数 G 更小的值会导致一个扩张过快的宇宙，氢气会变得十分稀疏而无法形成星系；比常数 G 更大的值会导致一个收缩过快的宇宙，使得星系没有足够的时间形成。类似地，常数 G 的微小变化可能会较大地改变行星的压强和温度，随之还会改变它的核燃烧速度以及核聚变之后剩余的原子核数量。

图 17.1　基本物理常数值

注：宇宙的内容与结构主要取决于基本物理常数值。这些常数值的改变，会导致宇宙的面貌与我们所熟识的十分不同：只有光，或只有稀疏的氢而没有行星或星系，或只有黑洞等。

　　电荷的减少或增加会影响原子和分子的稳定，它们也许随之会变得过于僵化或过于不稳定，以致无法产生适合生命的复杂分子。行星上 3 个氦原子核的核聚变而产生的碳要求普朗克常数、电荷和弱相互作用力常数的精确协同，假如它们之间的关系发生轻微改变，那么核聚变就不会产生碳，抑或 3 个氦原子核立即吸收另一个氦原子核形成氧气。所以，我们不禁思考这些常数的协同是造物主的旨意，还是偶然性的结果——具有不同的、随机的常数值的宇宙存在许多，而我们只能生活在具有适宜常数值的宇宙，此外，是否存在一个理论将常数互相联系在一起并解释这些精微的协同关系。

常数和认知的边界。一些普适常数与认知和现实的界限相关：光速为我们设立了传输信息的速度上限；普朗克常数表现了我们能认识微观世界的精确极限。一些常数的特殊组合为目前关于时空精细结构的理论设定了界限。

事实上，普朗克在 1920 年将基本常数 h、c 和 G 组合起来定义长度、质量和时间单位，这些单位不基于人们的习惯（比如米或秒），而是根据自然界的普适常数。普朗克制定的单位值包括长度为 10^{-35} 米，时间为 10^{-44} 秒，质量为 10^{-8} 千克。我们发现长度常数远比质子半径小，时间常数远比我们从未观测到的、最不稳定的微粒的存在时间还要短很多，而普朗克质量和质子质量相比则大很多。普朗克度量衡与基本粒子的长度、时间和质量的度量之间的巨大差异引人深思。对于这些量值的定义涉及电磁学（c）、引力（G）和量子物理（h）。这些量值指示距离、时间和质量，为此关于量子引力理论是必不可少的，尽管还不存在普遍适用的理论；此外，它们的数值还为目前物理学对宇宙最初片刻的认知的有效性设定了界限。低于这些数值的话，时空可能变得不连续，变成一个不规则的浮动的气泡。

常数之间的联系。目前理论涉及的大量的常数（20 个左右）促使我们去寻找一个更深层次的理论，这个理论不涉及如此多的不确定常数。因此，我们试图寻找各种物理常数之间的关联。到目前为止，科学家们已经发现了在组合若干常数之后，可以得到一些有趣的数量上的关联，但是我们仍然缺乏能把这些常数关联起来的理论。也许一个关于所有作用力的统一理论可以为我们提供常数之间的关系，并且减少独立的常数数量。另一个想法——有些极端但不乏想象力——由斯莫林提出，他认为在宇宙诞生于黑洞内部的这个过程中，常数有微小的改变。在历经许多复制过程之后，宇宙所具有的常数值保证了尽可能多地制造黑洞——这些数值足以保证碳的产生，而碳是生命存在的必要条件。

18. 对称性与对称性破缺：不完美的繁殖力

守恒定律设立了一定数量的数，作为某个特定范围之内局域性的上升和下降的量值中的不变量。我们现在来考量一下另一种不变性——对称性，因其结构和逻辑所呈现的美，也因其能够简化问题的解决而十分吸引人，此外，对称性也是美学探讨和物理理论之间的一大关联。

对称性早在古代就被运用于对宇宙的思考。对于阿那克西曼德来说，地球因为对称的缘故而位于宇宙的中心。对于巴门尼德来说，存在的不变性体现在同质性和各向同性。对于柏拉图来说，圆周的对称性对于行星轨道来说是必不可少的，而且正多面体的对称性是原子构成的基本元素。在古代医学中，四个元素与血液、粘液、黑胆汁和黄胆汁这四种体液一一对应，这是对外界宇宙和内在世界之间存在可能对称的关系的探索之一，而这些探索也是天文学认识的基础。拉蒙·柳利在他提出的"Art Combinatòria"（组合艺术）方法论中，运用对称性来建立知识的逻辑分类并且解释它们之间的关系。哥白尼将太阳放置于太阳系的中心来减少像水星和金星之类的内行星与像火星、木星和土星之类外行星之间的不对称。伽桑狄援引空间平移中的对称来解释动量守恒；笛卡儿将对称运用到碰撞研究中；牛顿将对称用于作用力与反作用力定律中。晶体的对称性早在古代就已被发现，并且在 19 世纪以数学的方法被归类。

对称在现代物理学中起着十分重要的作用。爱因斯坦提出了光的波动性和物质粒子性的对称，从而得出光子的概念和电磁辐射的粒子性的概念。基于反义上的类似的对称概念，德·布罗伊提出了与运动中的粒子相关的波的概念。狄拉克在物质与反物质之间建立了对称关系。以此，对称性的作用越发凸显，甚至变成了基本粒子理论的最坚实的指导方向。然而，在某些时候却需要打破对称的概念，比如，开普勒打破了圆周对称性来建立椭圆轨道定律；现代物理同样打破了深层性的对称性，这一点我们将在之后详述。

▶ ▷ 对称性与基本相互作用

我们把一个物体、一个过程、一条数学或物理定律在一定转换条件下的不变性称为对称性。我们可以在物体或者过程的特性中、在引导理论建设的原则中、在物理实体的分类中，或在解决问题的方法中发现对称性。比如在宇宙学中，位置和方向的对称性对于解答爱因斯坦广义相对论方程十分重要。对称性对于描述基本相互作用的公式的限制条件也十分重要。另一对称性体现在两个相对匀速运动的观测者对于物理定律的观测结果：对于伽利略来说，物理定律对于所有观测者来说都应该是一样的。自麦克斯韦的电磁方程式被发现以来，人们发现电磁方程式是随着观测者而变化的。为了保证它们不变，爱因斯坦提出光速在所有系统中都是一样的，并且力学和电磁学物理定律对于所有观测者来说都是一样的。

另一些物理定律的基本对称性体现在空间和时间的平移对称和旋转对称。动量守恒定律、能量守恒定律和角动量守恒定律都分别印证了在这些变化条件下的物理定律的不变性。埃米·纳脱是最著名的女性数学家之一，她于 1918 年提出的著名定理，升华并且拓展了物理对称与守恒定律之间的关系。一些比较精微又颇有建树的对称性，即所谓的规范对称性，与电量守恒和色守恒相关联。

粒子物理学中的一些常见的对称性包括时间反演、宇称反向和电荷共轭转换，分别被简称为 T、P 和 C。时间反演的对称性提出物理定律在时间倒置的情况下也应该保持不变，这种时间反演指的是假如反向设定速度方向或者把吸收变成释放；反之亦然。翁萨格利用这一不变性，于 1931 年推断出将热力学流和力关联起来的定律之间的相互关系；维格纳于 1932 年利用这一不变性来推断原子位迁的可能性。

宇称转化的对称性，与空间上的左右对称相关，它规定了物理定律在镜像反演之后保持不变。具体来说，所有粒子的自旋反向不应该对它们的相互作用有任何影响。电荷共轭对称同物质与反物质的相互转化有关。理论上来说，每个基本粒子原则上都有一个与其质量相同、电荷相反的反粒子，并且一旦粒子与反粒子相接触，两者都会湮灭并产生电磁辐射。因此，假如改变所有电荷的符号，电磁定律也不变；与这一情况相同，即使将粒子与反粒子互换，电荷共轭对称也确保强相互作用力和弱相互作用力不变。尽管这些对称性看似很直观，并且似乎可以作为在 1955 年之后为人类所知的所有现象的结论，但是它们并没有理论基础。泡利和吕德斯于 1956 年证明在我们之前提到的三种转换的综合作用下，任何满足相对论不变性的相互作用都应保持不变，这被称为CPT 定理。

▶ ▷　对称性破缺

尽管对称性能为物理定律的制定提供极佳的线索，但是在一些情况下对称性同样也会被打破。开普勒不得不打破柏拉图提出的行星轨道的圆周对称并承认其椭圆性；在生物学中，科学家们推翻了分子左右对称性，因为细胞消耗的糖类始终是右旋的，而参与生命活动的氨基酸始终是左旋的。甚至对称的方程式不一定意味着它们的结果对称，比如，一根垂直于平面的铅笔是不稳定的；尽管描述它下落的方程式具有相对于垂线的旋转对称性，但是铅笔只会倒向一个具体方向，因此它的掉落就打破了这一描述其过程方程式的对称性。

对称性破缺对于基本粒子物理学有着重要意义。在 1957 年以前，科学家们认为所有物理现象都具有宇称对称、电荷共轭对称和时间反演对称。在强相互作用与电磁相互作用下，确实如此，但是在 1957 年，科学家们发现在弱相互作用下，宇称对称和电荷共轭对称都不守恒，但在弱相互作用下，这两者的联合作用是守恒的。

也许在基本粒子层面上能够识别左右是无法想象的，但是在1956年，杨振宁和李政道推算出在弱相互作用中，宇称对称的破缺可能造成沿着磁场方向的原子核的 β 衰变而形成不对称，而 β 衰变则是某些放射性原子核发射电子的过程，这一现象在1957年为科学家所观测到。这一对称性破缺是因为只有左旋的中微子和右旋的反中微子，其中左旋即与运动方向相反的旋转。

1964 年，科学家们发现在宇称和共轭作用的合力下，由夸克 d 和反夸克 s，或由夸克 s 和反夸克 d 构成的中性 K 介子的衰变过程是变化的。本质上来说，比起中性 K 介子产生正电子和其他粒子的这一衰变速度，其反粒子产生电子和其他粒子的衰变速度稍为快一些。根据 CPT 定律，这意味着时间反演对称性的破缺，而这又标志着微观的时间之箭。举例来说，这一对称性破缺表现在 K 介子的两种衰变方式的相互转化没有绝对一样的节奏，而是略微不同的节奏。现如今科学家们正在仔细研究比 K 介子更重的中性介子的宇称不对称、共轭不对称和时间反演不对称。具体来说，这种类型的中性介子包含比形成质子和中子的夸克 u 和夸克 d 更重的夸克 b。这一对称破缺所引起的结果之一就是，假如以极其精细的方式来测算，粒子衰变的时间将会比反粒子衰变的时间长很多。

另一对称性破缺在于格拉肖、温伯格和萨拉姆将电磁相互作用与弱相互作用结合，使得传递电磁作用的光子质量为零，同时使得那些像 W+、W– 和 Z^0 一类的传递弱相互作用的粒子更重，这符合事实，因为电磁相互作用范围无限，而根据质子的半径确定的弱相互作用范围非常有限。

▶▷ 物质与反物质的对称性破缺

宇宙的一大奇迹就是物质的存在。原则上来说，量子物理和特殊相对论的兼容性意味着物质与反物质之间存在对称性。若是如此，那么物质与反物质都会在宇宙产生的前几毫秒之内就相互抵消了，而宇宙就会只由电磁辐射的光组成。物质的存在应该被解释为在某一特定时刻物质与反物质的对称性的轻微破缺——对于每一千万的反粒子，会多一千万的粒子，以此来保证物质与反物质之间的湮灭不是全部的：每一千万粒子与一千万的反粒子相互湮灭，会产生 2 亿高能光子和一颗物质微粒。这就是根据宇宙微波辐射背景观测推算出的，粒子与光子在当今宇宙中的相对量。

但是，从一个最初完美的对称到对称性破缺，这是如何产生的呢？我们依然无从得知：我们之前提到的，中性介子的衰变过程中产生的物质与反物质的对称性破缺，并没有达到足够的程度。这一对称性破缺的程度不足以解释何以存在形成数百个星系之多的物质数量，更别提存在数以万亿计的星系了。现如今，这一问题是物理学的一大谜题。或许是因为包含一些比夸克 b 重很多的夸克 t 的介子的衰变会增加破缺程度，又或许只有在常规模型以外的其他现象才可以解释。

▶▷ 对称与粒子分类

1960 年，格尔曼和茨威格分别提出基于 3 种夸克（u、d 和 s）来建立夸克模型，用以分类呈现强相互作用力的强子。基于群论的数学技巧，格尔曼着手归类这些粒子，将它们集合成不同的类型。这一归类揭示出当时尚未发现的、具有一定特性的粒子的存在可能性，而科学家们之后在粒子加速器中找到了这些粒子。1975 年，科学家们发现了夸克 c，之后又发现了夸克 b 和夸克 t，如今除了在最初的模型中提出的 3 种以外，已经发现了 6 种夸克。基于群论分类的成功，促使科学家们去寻找更具普遍性的分类，不仅包含强子、轻子，还将电磁相互作用和强相互作用统一起来；科学家们甚至提出了更具普遍性的对称，就如将已知的半整数自旋粒子与未知的整数自旋粒子相关联的超对称；反之亦然。也许这一理论预测的超对称性粒子在某一天终将被发现。有科学家提出，也许正是这种粒子构成了宇宙中的暗物质。

19. 永恒的光辉

在这一部分，我们已经介绍过在物理现实中不以时间而变化的元素：物理定律的形式、守恒定律、普适常量以及对称性。首先映入眼帘的是这些永恒元素的数学性质。就如古代的毕达哥拉斯学派所提出的那样，数似乎不仅指出了现实的坚实性——守恒的量值，也指出了现实中的一些偶然现象——宇宙内容对普适常数的微小变化的敏感性，同时数还指出了与过于完美的数学特性的决裂——一些对称性的破缺。但是如此之多的东西都在改变，甚至说一切都在改变，为什么物理定律本身不改变呢，或是似乎不改变呢？

▶▷ 数学永恒与物理现实

我们应适度地看待问题，因为唯有少量的几个数和结构才与永恒挂钩。但是在这些永恒的元素之间仍有细微的差别。在宇宙学中，科学家们认为我们这个宇宙的基本物理定律应该同样适用于其他的宇宙。相反，因为缺乏确定普适物理常数值的理论，科学家们认为物理定律的具体形式在不同的宇宙中可能会有所区别，这些物理定律由常数值和对称集合来确定，而这种不同意味着各个宇宙的内容也许会大有所差，因此宇宙物理常数值的集合就变成了我们的宇宙区别于其他宇宙的身份密钥。这表明了数学和物理定律对宇宙的重要性，因为这些定律是宇宙存在的必要条件，它们与宇宙并不存在唯一对应的关系，而是可以产生不同的宇宙。爱因斯坦认定宇宙的本源——对其而言甚至带有一些宗教性——即是物理定律的理性，他认为宇宙与一些物理定律有着深层次的相互联系。多重宇宙理论，或者是相同或类似物理定律支配多个宇宙中的每一个宇宙的理论，将宇宙与定律适度地分离开来。

事实上，即使整个宇宙是无垠的，我们（不仅是我们这一代人，乃至未来的人类）所能认知的物理宇宙仍是一个有限的宇宙，因为宇宙中生命的延续在一定的时间内将会终结，也因为宇宙更为迅速的扩张——假如一直保持下去的话，那么星系就会迅速远离，直到我们变成了可观测的宇宙中的唯一存在。因此，假如这些自然数果真与某些存在整体具有一对一的关系，那么这一整体不可能超过数量为 10^{90} 颗微粒或是 10^{125} 比特的信息量，任何超过这些数量的数字相较于现实反而更如同神话，用亚里士多德的术语来说，也许是"潜在的存在"，但不是存在。

▶▷ 永恒与退化

动量和能量守恒定律对哲学和神学都产生了一定的影响。在我们个体消失之后，生命与物质将继续延续下去，我们的躯体化成了粉尘，重新变为其他物体或其他生命的最初物质，犹如沙漠中的沙粒、海边沼泽地里的淤泥、西南风中的气流、奔腾的马扬起的沙尘，如此之思考也许会有一种与宏大的现实相交融的沉静之感。马库斯·奥雷柳斯，这位罗马皇帝兼哲学家早在公元前 2 世纪就将如此想法优美地呈现给世人："大自然将物质用作蜡，今天塑造一匹马，明天一棵树，后天一个人，之后更多其他物体……而每一种存在都只是刹那芳华。"

然而在 20 世纪，这一物质延续性变得更为模糊：人们不再认为原子是不变的；辐射、衰变、碰撞产生的破坏、物质与反物质的湮灭，证实了基本物质的脆弱性。在 20 世纪的时候，能量取代了物质，变成了最广泛而强劲的永恒元素：太阳将能量传递给我们，这一距离远非原子所能跨越，此外，能量还比物质更易变、更普遍；在自生永动的宇宙中，能量的数学抽象和它多样的可能性激发了一种热情，类似于神秘主义者对待泛神论中某些神灵所产生的热情。

然而，数量守恒并不与质量退化相抵触，就好像热力学第二定律所体现的那样。因此，整体性的物理守恒定律并不保证局域性、特殊性、唯一性的守恒，这就引出了退化与过期。量值的守恒具有广泛性。事实上，它的很多形式可以具有正负号，比如电荷、引力势能与排斥势能；也可以具有三种色荷，红、绿、蓝以及它们组合而成的中性的总和——白，如此，总的守恒与正负值的补偿是可以兼容的。因此，宇宙总的能量、动量、电荷和色荷为零。世界的存在竟与这一指示虚无的数字相符合，这是多么神奇！然而这一"零"与虚无绝不可同日而语：它并不是不存在的实体，而是存在的不同形式的补偿。

▶ ▷　永恒与不完美

我们已然提到过许多与现实的某些方面相关的物理常数，这些现实是我们认知所能及的：引力、电磁力、光、原子世界和原子世界的基本的不确定性等。然而，其中最突出的，不外乎宇宙对于这些物理常量的数值极其敏感，因为其中几个数值的微小变化就可能导致宇宙不再蕴含原子、分子和生命。假如这些常数值与现在的不同，那么我们就不可能存在。我们也发现一个小型宇宙不可能蕴含生命，因为这样的宇宙甚至不会有原子：夜晚无垠的天空对于我们的存在是必不可少的，尽管这样的无边无际有时让我们感到窒息。

支配宇宙中力的对称性是可以打破的。在极高温的条件下，在接近最初的片刻时，几乎所有力都是对称的并且所有力都是统一的，但是这些对称与统一随着宇宙冷却而逐渐被打破。因此，如同对于搜寻物质背后的大一统的热情引出了原子论，对于统一所有力的热情引出了荷和对称的概念；假如物质的多样性与原子的不同组合相关，那么力的多样性就与对称性的破缺相关。我们已经谈及过一些对称性的破缺：反物质相对于物质的整体性湮灭，弱相互作用中的左右不对称，生命体中氨基酸和糖类的左右不对称，还有在微观过程中过去与未来的对称性破缺。这一需要打破绝对的数学完美以换得生命的想法十分有意思，因为通常人们都会突出自然法则的完美来作为理性的象征。然而假如没有不完美，我们就不可能存在。

►▷　永恒与作用

在现实生活中，物理、化学和记忆通过科技结合在一起：留声机、黑胶唱片、高密度光盘、数字光盘对声音的存储，相片、电影、电脑、复印对黑白或彩色图像的存储等，不一而足。各种学科都找到了用武之地：化学中的感光物质，物理学中光与物质的相互作用、微电子学、非线性光学、声音振动的捕捉与复制研究、图像分析与处理的物理学和数学方法等。

计算机企图获取最快的处理速度、最清晰的图像和最大的记忆能力：一整个书柜的书本内容都可以压缩在微小的设备中。扩展电脑的存储能力一直是研发人员孜孜不倦的努力方向，并且取得了长足的进步。最常见的存储是磁性的、光学的或电子的：这些领域的发现在存储的密度、持久度与复制的速度方面有着立竿见影的成效。在磁性方面，那些二进制中的 1 和 0 代表指向两个方向的微型磁铁；例如巨磁阻——对磁场依赖度极高的薄膜电阻——的发现意味着磁存储装置的磁头的革新。在光存储中，1 和 0 通过表面的两种反射表现出来的，这两种反射是通过微小切口获取的，并通过半导体的激光读取，如在 CD 中是红色激光读取的，而在 DVD 中是蓝色激光读取的。由于蓝色激光的波长将近于红色激光波长的一半，所以从红光 CD 到蓝光 DVD 可以减少存储大小并且增加存储在硬盘表面的信息密度。

另一种有意思的记忆可能性是全息存储，它将以比特为单位的信息散布在表面，就好像大脑的神经元记忆一样，所以这种存储方式更为安全，不会产生部分数据丢失或遭受意外的干预。如今的存储量已达到了约 10 亿比特每立方厘米，而 10 亿比特相当于 15 部百科全书的信息量。未来的量子信息处理技术只需要一个原子核就能存储一个量子位元的信息，并且大量信息都能同时被处理，这种技术可以更大限度地减少存储大小，增加信息密度并且提高运行速度。

在这一领域，光、物质、时间、记忆相互交织在一起，基础科学、科技与经济互相促进，以推进知识与应用的进步。如此高密度的、广博的记忆，如此快速的、如行云流水般的计算，让我们有时候觉得自己正面对着一种更高级的心灵，博学而敏捷、潜能无限而宽广无垠；有时候我们会觉得，假如这种大脑能够拥有同情心和爱，也许就接近上帝的心灵了。

▶▷ 永恒与谜团

在谈及我们的现实时，我们会想当然地认为现实包含一个过去、一段历史和一些法则。但是，我们对此又有几成把握呢？诚然，物理定律确立的当前现实与推测出的以往现实之间的关系丰富多彩、相互交融而又令人信服。但是假如宇宙只存在了不到几秒钟，就如现在一般拥有了它的构成内容和存储、图书馆、文档和回忆，那么推断过去与现在的相互关系就会缺乏权威论据，这些权威论据包括过去的存在和宇宙的时间深度。尽管这一可能性貌似很奇诡，但我不确定是否能够理性地驳斥它。在此我们又碰到了与自身和现实的关系相关的一些历久弥新的问题，对此笛卡儿曾经探讨过，他提出外界现实也许不过是一场骗局，只有思考才能保证我们自身的存在。Cogito, ergo sum——"我思，故我在"。但是，在时间维度中，应该如何解释"我在"呢？我与过去的历史共存？我在几毫秒之内就会消亡？我们也许不过是意识的一簇火花，或是理性转瞬即逝的瞬间，那么我们如何能够用逻辑来辩驳这些可能性呢？我们以为我们了解外部世界、一段历史，认识一对父母、几个朋友，但是我们缺乏具有逻辑性的证据来证明它们存在的真实性：也许它们只是蜉蝣般的幻象，而这一幻象有时会被归结为"玻尔兹曼大脑"。从这一观点出发，多重宇宙的概念达到极致：个体意识的道道闪光中的时间原子化。这一系列的疑问自然而然地肇始于我们对所认识的真实世界的疑问、对于我们自身的疑问以及对于时间和空间的疑问：当我们探究到最深处，就会发现用理性来证明我们自身的存在与证明上帝的存在一样复杂。

　　另一关于时间的谜团就是因果关系，更确切地说，是形式因和目的因，物理学将目的这一概念弃置一边。生物学也许可以完全摒弃这一概念。在心理学、经济学、工艺学和社会学中，作为我们追求目标的目的因也许比起始因和形式因更重要。我们的生命有着生物方面的形式因是众所周知的：我们的父母以及在他们之前，有着漫长的生物历史。但是，生命有什么目的性吗？我们不需要将这个问题提升到形而上的、宏伟的高度，只需要将这个问题放在我们日常生活中去研究，例如我们时常会碰到一些我们觉得很不可思议的事件。好比我们今天想起了一个许久未见的朋友，而几个小时之后我们就在大街上与这位友人偶遇。难道真实的时间是一张由个体的时间相互交织而成的网，在这张时间网中，很多偶然性的相遇都早已被预先设定？我们是在逐渐发现我们生命的历史，还是我们或多或少地是自身生命的自由作者？值得探究的是，较之完成那些日常琐事和预计中的事件，完成那些看似不可能的事件对于我们意识和记忆有着更大的影响，因为这些奇事对于有意识的时间有更大的作用，让我们在很久以后都记忆犹新，而那些我们习以为常的无尽的琐事则在几秒之后就被遗忘。但是疑问仍然存在：所有的事件都预先被书写好了吗？

　　也许我们只有不把这些问题绝对化，转而对我们的存在与自由采取一种些许纯粹而基本的现实主义观点，是不无裨益的。假如我们一直怀疑我们定义为时间的那些现实元素的永恒与持续性，也许会使我们对无穷的生命的可能性视而不见。但是假如我们思考这些问题，那么对于这些令人费解的、引人惊奇的可能性的疑惑，就不免会浮现于我们的眼帘。

尾声 时间迷宫

时间与记忆、稳定与变化、传承与断裂，并不是绝对的对立。尽管记忆的很多方面都对时间性进行了挑战，但实际上却与之相关；事实上，记忆是冻结的时间，是过往不愿褪色的痕迹。但同时也是潜在的、藏匿着的并且伺机而动的未来的时间。在大脑深处，当我们嗅到一股气息、听到一首乐曲的时候，隐藏于内心的潜在回忆就会爆发出来，使回忆重新进入意识。遗传记忆更是如此：隐性基因也许会遗传给下一代，也许和配偶的基因组合之后恰巧会使这种隐性基因表征在后代身上；有时隐藏着的、不活跃的基因可能有一天会表达出来，导致癌症、一些退化性疾病或新陈代谢紊乱。通过我们所呈现的时间与记忆的全景图，我们更确知了记忆与变化、可逆与不可逆、偶然与必然、确定性与不确定性，它们之间的双重性被逐渐地减弱。在对这一渐变过程的探索中，观察与操作、哲学性的好奇与神学的实用主义、温和的学术研究与迫切的人类问题，它们不断交汇。

▶▷ 时间的加速

对于时间的观点总是丰富多元的：有时一个瞬间似乎是停滞不动的、被石化了的，而有时一个瞬间又电光火石般飞逝而去；有些时刻充满着安详，而有些时刻则显得十分紧张；有时候是因为等待，而有时候则是因为绝望。对于时间的感知不仅取决于现在，也同样取决于过去与未来——假如给我们的生命计入倒计时，会是多么不同的景象啊！——我们知道自己生活在一个充满危机的时代：世界人口在 2012 年已经达到 70 亿，并且每天都新增 25 万人以上，即每年新增 8000 万人。这一人口的加速增长以及能源和其他资源的加速消耗在很多基本问题上已引发了严重的后果，如水资源和食品的可取性变小，同时对环境也造成了巨大压力——森林退化、垃圾堆积，还有因为过度渔猎而导致的物种灭绝等。

因此，思考时间的价值在当今社会并不是学术消遣，而是一个需要集众人之智的首要紧急事件。只有理解了物理、生物、心理、文化、经济、政治和宗教的节奏多样性，我们才能希冀拥有一个未来，虽然这个未来是无法预测而问题重重的。我们唯有通过多方考证从而提出问题，并且勤勤恳恳、脚踏实地解决问题，才能有资格拥有一个审慎的希望。这本书给人带来的印象之一，正是对于时间的多重视角和这些不同视角之间的复杂联系。我们最后将把思考聚焦在时间与记忆相辅相成的关系上——而不是对立的关系上，还有对于时间的相互紧密交织的不同视角上。

▶ ▷　时间的信息相对性

可逆性与不可逆性是看似相互对立的概念。然而，我们已经学过如何通过熵的产生节奏和信息的丢失速率来判定一个过程不可逆的程度：假如两个值很高，那么过程就是不可逆的；假如是零值，那么过程就是可逆的。从这个观点出发，可逆与不可逆并不是对立概念的两极，而是一个持续的渐变过程，其中绝对的可逆性是极限，也是一个理想状态。我们已经阐述过从不同的视角出发，可以得到对于宇宙截然不同的描述：一个视角是优先考量由钟表测量的线性的时间，另一个视角则是将时间的信息相对性纳入考虑范围。简言之，就是宇宙的某些时期需要大量的细节描述，因为在此期间发生了许多重大事件，而在另一些时期并没有发生任何新颖的、有意义的事件，所以这些时期就微不足道。

为了得到信息时间，我们可以将钟表时间乘以单位时间内的信息或经历产生速度，或者换句话说，将钟表指示的时长乘以每一单位时刻的信息强度。以此，那些更富含信息的时刻就会更为凸显。这一时间更贴近个人体验，并且随着个人经历的强度而收缩或扩张，诗歌和音乐正是期望通过个人经历的强度来充盈和扩展机械性的时间。

　　这不仅适用于个体层面，同样也适用于社会层面：我们接收到的信息节奏比一个世纪以前快很多。这一现实再加上地球上更多的人口，使得社会信息时间大大增加，并且加速了新事物的更新速度，这些新事物不仅指的是为个体所吸收的新事物，更是指整个社会所共同经历的新事物。也许当代文化过分信任了钟表时间，就好像它表达出了更深沉的现实，并且以主观性过强和更难测量为由，忽略生物、心理、历史与宗教的时间，而正是这些时间区别了厚重、关键的时期和空洞、乏味的时期。也许这一信息理论所打开的新的时间视角，可以帮助我们在未来更重视这些方面的时间评估，重新评估钟表时间，并且将物理学时间更贴近生命时间。

　　我们也许可以设想一个信息相对论，用这个理论来阐释时空对其信息含量的依赖性，就好像在广义相对论中时空曲率取决于物质内容和能量一般。我们已知信息改变时间节奏，这无论在个人还是集体体验中都能表现出来，比如在荒漠中的时间与在都市中的时间体验是不同的；我们同样知道了空间也会弯曲，即我们并不总是挑选两点之间的最短路径，而是如果可以的话，我们会挑选两点之间最喜欢的路径，或是最富有意义和实用价值的路线。从信息的角度来考量，空间与时间是不可分割的整体，因为我们对空间掌握的信息很大程度上取决于记忆。在特殊相对论中，时间与空间取决于观测者的速度；在信息相对论中，时间与空间取决于在信息空间中的观测者的速度，即处理信息的速率。但是这些可能性超越了物理学的研究范畴，因为这同样也需要对于大脑和时间感知更深层性的认识。此外，鉴于时间在一定程度上是一项伟大的集体发明，我们还需要注意纯主观性、不同程度的主体性和理论上的客观性之间的度的把握。

▶▷　身份的活力

我们经常会将身份视作标识唯一性与区别性的静态现象。然而我们已然发现一些构成身份的基本要素，如身体和记忆，它们本质上是动态的。生命时间一大特征就是它的维持需要消耗新陈代谢能量，假如没有新陈代谢能量，生命时间就会迅速走向终结。生命体需要能量的持续供给来维持自身，因为生命体并不是平衡的系统。包括遗传、神经和免疫记忆的生物记忆的守恒，需要修复酶不停歇的工作来保护 DNA，以防止 DNA 过快地变异；也需要钠泵和钾泵的持续运作，它们供给了神经元用来传输信号的势能；还需要身体自身防御来对抗那些出了错的淋巴细胞，因为这些出了错的淋巴细胞会将自体细胞识别成应当摧毁的入侵细胞。

从这个观点看，纵然是稳定如记忆，也需要持续的活力来贡献能量、物质与信息。我们知道维持家里整洁、文件整齐或者维持水路上小船的漂浮状态所需要付出的努力：维持需要很大的活力，结构越复杂就需要越大的活力，而这种活力通常要比摧毁旧事物和建设新事物所需要的活力更大。因此，稳定与变化同样也不是对立的，在稳定背后总是需要活动和变化作支撑，在每个身份背后总是需要吸收和消化新事物的活力。同理，为了能够感知时间，对于变化的认识也是必不可少的，这一认识需要比较不同的时刻，其中一个时刻必须是存储在记忆中的，尽管也许只是短暂地存储起来的：事实上，在健忘症的病例中，并不是只有记忆出现紊乱，而是时间观念和对于时间顺序的概念同样也出现了紊乱。

▶▷　自由引起的惊奇

生命时间的另一些特征就是它的不可预测性与新意，以及生命时间中的日常规范及寻常琐事（蕴含着决定性）和偶然事件、探险与发明（蕴含着不确定性）之间的斗争。类似于可逆与不可逆之间的渐变性，我们在量子物理学的决定论和不确定性中也能找到这种渐变性，此外在进化论中的偶然与必然之间我们也能找到类似的渐变性。在量子物理学中，从微观系统向宏观系统的迈近缓和了它们之间的差异，并且融合了量子不确定理论和经典决定论。在进化中，变异和重组的偶然性与自然选择的决定性融为一体。

心理活动和自由似乎同样也具备随机性和必然性，并且是偶然的条件和顽固的意志共同结晶，这种顽固的意志也许可以抵御那些随着初始的随机事件陆续发生的其他意外事件。艺术、科学、政治和经济方面的创造性同样也需要结合反复的摸索以及根据目标而做的择优选择。

我们对待时间的方式会作用于我们对自由概念的定义和对愿

望的达成。如果将时间视为一系列分隔开的时间段，并且这些时间段之间没有多大关联的话，人们就会认为自由只是在即刻条件下、在每一时刻下定决心去实现未知愿望的能力。相反，如果将时间视为一个统一的整体，并且认为生命的每一刻都相互作用的话，会使我们将自由等同于确立长远计划的可能性，这会引导我们在每一时刻的所作所为都朝向某个我们自主设定的目标。那些设立了高远目标的人知道短期需要舍弃什么，但是同样也会对自己取得的部分成绩而感到满足。相反，那些没有较高目标的人，在生命的每一刻都拥有更多的自由选择行为，但是并没有跨过最基本的要求，他们的满足感也较低，会更容易地陷入对于重复和琐事的疲惫厌倦中。

这些偶然与必要、守恒与变化的组合可以帮助我们认识一些定义生命的元素，将生命视作需要不断维持的、持续的分子测试过程，而这个测试过程可能产生好的结果抑或坏的结果。衰老与癌症对于个体来说是这种活力极具灾难性的后果，而从更大的范围来看，新的、更为完美的生物结构的诞生则是这一活力的积极方面。因此，对于时间和记忆的观点取决于我们选取的参照时间范围，取决于我们指的是单独的原子还是许多原子的集合、是每个个体还是整个物种、是整个宇宙还是基本粒子。历史时间是一个反例，它在个体、群众和民族这些不同的层面上体现出不同的特点：一个国家可能可以通过一场战争来控制一块蕴藏丰富能源的领土，并利用这块领土来为自身谋利；然而很多人因为这场战争失去生命与财产，他们感知到的时间肯定截然不同。

▶▷ 时间的多样性

假如读者能够陪我们读完这本书，也许第一印象就是生物学和物理学对于时间和记忆的多样的视角。我们并没有提出一个唯一确定的时间概念，并将其与绝对性的、大一统的永恒对立起来，而是提出了两种模糊的、多变的真实存在。然而这一多样性也不应使我们忘记各种时间和谐关系的重要性。不同的时间之间的对话是必要的：相对论就是一个明例；假如观测者以不同的速度行进或是受到不同的重力作用，那么不同的观测者就会测量出不同的时间，但是他们知道如何通过精确的表述来交流他们的测量结果。时间的多样性意味着节奏的多样性，而这些节奏的多样性则需要协调。一个良好的家庭氛围需要协调各个成员的不同的生活节奏。从社会层面上来看，不同节奏的对话也是必不可少的，比如不同文化之间、不同的经济体制之间；协同经济节奏和一些自然节奏也是必要的，如食品生产节奏、自然资源、饮用水和能量的更新节奏；尽管有些自然节奏是可以人为改变的，但一味地越过这些自然节奏，长而久之就会导致系统的崩溃。

各种移民现象的节奏十分重要：当移民节奏超过接收团体的收容能力和输出团体的适应能力时——因其成员逐渐流失而丧失劳动力，系统就会离平衡渐行渐远，并且产生经济、社会和文化危机的可能性就大大凸显。在物理、化学和生物系统中，同样存在其反应能力的典型时间限制，假如变化的节奏过快，这些变化就会不断累积，将系统拖离平衡状态，并且可能导致系统产生新的动力或导致毁灭性的爆炸。

时间多样性的另外一个例子就是宗教时间和世俗时间的并存，如节庆日、特定的日子、生命的时间界限还有各种对时间的感知。将时间局限于它的一种表现方式是远远不够的。物理学时常扩展现实的维度，如超弦理论提出的九个维度或是 M 理论中的十个维度，尽管如此，令人奇怪的是在物理学中只使用一个时间维度。设定两个或更多的时间，一个外部时间加上其他从外部无法感知的内部时间似乎变得顺水推舟，这种从外部无法感知的内部时间就好像超弦理论中的无法被感知的、被压缩的空间维度。

▶▷　记忆深渊

我们现在从时间的多样性和丰富性跨越到记忆。我们能意识到一些回忆和愿望，但是有多少不为我们自己所知的记忆啊！然而尽管对这些记忆我们并不自知，它们却对我们不断地施加着影响。弗洛伊德向世人展现出潜意识的重要作用和它的秘密运行机制。但是我们也发现除了神经元世界，我们还由遗传和免疫记忆构成。科学教会了我们打破一些自我的局限；穿越免疫系统的藩篱来改变不良基因，以及使用对抗抑郁和心理疾病的神经药物。由记忆和规划塑造的身份认定，已然因为科技而变得模糊，并由此引发了迫切的伦理思考。

我们探讨过带有创造性的和毁灭性的时间、可逆的和不可逆的时间、可预测和不可预测的时间、秩序的与混沌的时间、宇宙的和心理的时间，我们也探讨过延长生命预期和衰老带来的退化等。这一多样性使我们更能理解定义时间的难度，也向我们揭示出了时间五花八门的丰富性。同时，在探索过去和未来之时，我们发现了基因和原子的时间厚度：原子的时间厚度体现在它的历史可以追溯到在几十亿年前爆炸的行星的核聚变；而基因的时间厚度则可以追溯到生命的探索时期，我们也许能在 DNA 的不编码部分找到一些其探索失败的痕迹。尽管如此，我们依然在基因和原子之外发现了一些令人惊叹的特例：在宇宙中，我们已知的物质质量仅仅是全部宇宙的 5%；在人类 DNA 中，只有 5% 的基因能够编码蛋白质；在大脑中，神经胶质细胞的数量超过神经元的数量。但矛盾的是，尽管我们现在更能意识到时间在宇宙和生命中的重要性，但是我们却造成了生命历史中最大规模的群体灭绝；此外，无论是从文化中的后现代主义观点来看，还是在科学实践中，我们似乎正在磨灭过去的厚度。这体现在后现代主义观点认为过去即现在，如同一个没有未来展望也没有历史深度的组合体；这也体现在科学实践中，人们忘却了科学历史的发展轨迹，而只依赖于当代的理论而存于当下。

▶▷ 进步的不确定性

展望未来，进步似乎遭遇了危机。在科学技术方面，我们经历过由化学、生物和核武器带来的绝望，这些武器完全有可能摧毁整个人类；我们经历了由工业化和消费的失控性增长而产生的环境问题；我们也看到，如相对论、量子力学、不确定性和不可预测性等科学领域中基本界限的发现，使我们对未来采取行动的能力受到了限制。在政治意识方面，尤为突出的是自由资本主义的扩张，它带来了一些积极的方面，比如鼓舞了人们发挥主动性、想象力和创造性，但同时也带来了负面影响，使人们沉迷于短期的蝇头小利，不再认同团结一致的价值。

20世纪是时间的世纪：在这个世纪，时间在漫长的宇宙和地球历史中延展，在不稳定的基本粒子的蜉蝣一瞬中绽放，在计算机的计算速度和存储工具的存储能力中达到极限，也在许多关于时间与记忆的理论和实践中凸显出来。21世纪，在继续进行科学研究并不断开发科学潜能的同时，我们还应该从人文和伦理的方面来考量这些科学研究的进步、科学运用带来的危机，以及随着不断延长的生命预期而产生的自由时间的增加；此外，我们还需要考量人口增长所带来的刻不容缓的挑战：人口的增长使人类对地球过度索取，早已使地球变得疲惫不堪。

专业词汇表
60 个术语及其与时间的关系

在这份生词表中，我将概括性地介绍一些我们在本书中用到的术语，并且特别介绍一下它们与时间的关系，有时候这些关系十分显而易见，但是有时候却很难直观地看到这些关系。一般来说，越是专业的术语反而越是容易定义，虽然这种类型的某些术语可能让读者迷惑不解。那些更广义的术语由于它们在我们的生活中所呈现出的多面性，往往更难以精确地表达出来，比如"时间"一词本身的含义。因此，类似这些词语的定义早已非我能力所及，我于此仅仅描述这些词语的部分释义。

DNA：由两条互相组合的"字母"链——碱基（A：腺嘌呤，T：鸟嘌呤，G：胸腺嘧啶，C：胞嘧啶）构成，它含有关于生物蛋白质的遗传信息。DNA 与时间有着非常密切的联系：DNA 在复制过程中偶然出现的错误或改变是生物进化的源泉。尽管绝大多数的变化是有害的或不起作用的，但这一活力是大自然创造力的体现之一，它创造了所有存在过的或者如今存在的生物的多样性。所以 DNA 是庞大的资料库和巨大的实验室，它展现了回忆与创新，个体独特性和物种群体的记忆。

氨基酸：构成蛋白质链条的片段。尽管有许多不同的氨基酸，但是只有 20 种参与构成蛋白质，这也许仅仅是生物历史的偶然安排。或许在其他星球上会有不同数量的氨基酸参与生命活动，并且不同于地球上的这 20 种。

RNA：由一条"字母"（即碱基）链构成的长条分子，它将基因信息从 DNA 运输到生产蛋白质的核糖体（信使 RNA）；它将组成蛋白质的氨基酸和密码子相关联（转运 RNA）；它帮助连接相邻的氨基酸以形成核糖体中的蛋白质（核糖体 RNA）；它也对遗传信息运送至核糖体的过程起作用（RNA 干扰）。科学家们认为在我们现存的生命（主要基于 DNA 和蛋白质）出现以前，在一段时期之内生命是建立在 RNA 的基础上的，无论是为了记忆还是为了催化。

吸引子：物理、化学和生物系统长期趋向的位置、速度和典型构成要素的组合。有静态吸引子（控制处于静息状态的系统特征）、周期吸引子（控制振动和循环运动）或者奇异吸引子（控制混乱的、非重复的并且对干扰很敏感的运动）。

杏仁核：与情绪相关联的大脑内部的边缘系统区域，尤其与害怕和警惕相关。它与控制长期记忆的海马区也相互关联，这使得情绪状态影响记忆存储的强度。

ATP：三磷腺苷，在许多生物过程中起到运送新陈代谢能量的小分子。它分解成二磷酸腺苷（ADP）和磷酸基团，释放适当的能量来维持基本过程的运行（化学反应、分子马达、分子泵）。

Big Bang：我们猜想的宇宙的起始状态，有着巨大密度的能量，推动宇宙的扩张。在经典理论中，宇宙大爆炸时的密度和温度值是无穷大的，使得宇宙大爆炸变成了唯一一个物理定律无用武之地的特例。在引入量子作用之后，可以获得有限的密度和温度值，如此宇宙大爆炸自然受到物理定律的约束。也许宇宙大爆炸并不是时间的开始，也许在宇宙大爆炸之前存在其他宇宙。

气候变化：地球大气加热引起的物理过程，部分由二氧化碳气体、甲烷气体和阻隔红外线辐射的氮氧化物气体的大量排放造成，这些气体的大量排放会导致地球气候的变化，使中纬度地区更干旱，造成更剧烈而频繁的风暴，使两极冰层的冰川融化，使洋流发生改变，此外还会使地球上大片区域的人类家园受到威胁。

催化作用：加速或减速化学反应的过程总和，但是对反应最终结果没有影响。它调节重要的工业生产过程和生物生命过程的节奏，许多这些过程在没有受到催化作用的自然节奏下不可能产生实际效应。

原因：一个事件的必要前提——通常是决定性的，虽然也有可能不是；而事件相对于原因来说，则可被称为后果。这一对原因的定义其实指的是所谓的动力因。亚里士多德还指出了目的因、质料因和形式因。动力因处于事件的过去，目的因处于事件的未来和事件的意义之中。

干细胞：未分化的细胞，它分化之后可以产生多种不同类型的体细胞，或者说任意种类的体细胞。它与完全分化了的正常细胞不同，完全分化了的正常细胞只能分裂出与它相同的细胞。

守恒：某个特性不随着时间而发生改变——无论是受到基本守恒定律约束的物理量值，还是动量和能量；一些守恒并不是自发性的或者普遍的过程，而是需要一些能量与物质的持续性供给，就比如生物的生命守恒。

前额叶皮质：大脑皮质前部区域，在额头与眼睛之后，在这一块区域集中了人类特有的极其精细的神经功能，比如对未来行动的规划和决定等。

创造：基于客观条件而产生的绝对新的事物，而这些客观条件本身不足以导致这些新事物的产生。绝对性的创造指的是从虚无中孕育而生的宇宙现实。这在古时一直归功于上帝的创造，可以是瞬时性的，只存在于最初的片刻；它也可以是持续的，在整个宇宙存在期间都一直延续着，不断地维持着整个世界，并不断发展着新事物，而这些新事物是世界自身发展所无法企及的。当然人们也经常会把艺术和音乐创造挂在嘴边，因为这些创造给我们带来了令人惊奇的、无法预料的新意，它是构成其作品的材料元素所不具备的。

Déjà vu：心理学中用来定义我们正在经历曾经历过的事件的特殊体验。也许这种体验并不来源于重复的真实经历，而是来源于意识因感知而产生的小小回音，因此一种感知会被分成两种略微分离的意识。

拉普拉斯妖：是一种想象中的存在，由物理学家、数学家拉普拉斯提出，它可以在任意时刻，根据事物的条件来快速计算物理系统（尤指整个宇宙）中的任意过去和未来状态。这一想象中的存在体现出牛顿理论中的宇宙的决定性和可预测性。

发育／发展：是系统状态相对于它之前的状态来说的，向更结构化、更高的分化程度和更复杂的组织发展的过程。一般用来描述生物系统，即生物在胚胎状态、儿童或青少年期时，这些时期的发育包含细胞繁殖、细胞分化和组织与器官的形成；也可以用来描述人类社会体系的经济、社会和文化结构。

命运：认为我们的生命和人类历史的重要特征早就被事先书写好，因此时间在很大程度上只是一种幻象。我们并不是自身生命的自由演绎者，而是面对随着时间逐渐呈现出的个人命运而瞠目结舌的观众。

决定性：决定性指的是未来由事物的现时状态唯一确定。经典物理理论是决定性的：已知位置和速度的起始值，以及各个位置和速度上的力的大小，系统的未来状态就可以被确定。量子物理一部分是决定性的（只要系统没有被观察，那么它的波函数就会随着薛定谔方程式演化，而薛定谔方程式是决定性的），量子物理另一部分是不确定性的（当系统被观察，波函数的坍缩意味着彻底的不确定性）。

时长：有限的时间间隔的数量特征，与没有持续性的纯瞬间相对。对于时长的测量具有相对性：在物理学中，时长取决于观测者的速度和其所在的引力场；在心理学中，时长取决于很多因素，如年龄、温度、某些神经递质的浓度、期望值以及痛苦程度。

酶：扮演新陈代谢反应催化剂角色的蛋白质，它起到增加或降低这些反应速度的作用，并根据生物体所处的内外环境调节这些反应的速度，以使它们符合生物体自身所需。酶对许多生物过程起到关键性的调节作用。

能量：与做功和传导热量的能力相关的物理量。能量的总量是普适常数（能量守恒第一定律），能量的质量则是降级的（能量守恒第二定律，熵增）。

暗能量：假想的宇宙主要构成要素，占宇宙能量的70%，具有排斥力，引起宇宙的加速扩张。

熵：热力学物理量，在孤立系统中，熵只能增加或保持不变，但不会减少。熵的增加与能量质量的退化相关。从微观的层面看，与分子无序性相关。

老龄化：随着生物寿命的流逝，在生理和心理方面的各种分子损耗叠加。运用到社会学理论上，指的是人口中老年人所占比例较高的社会。人口的老龄化程度显著地区分了具有先进医疗条件的社会和发展中的社会，这些发展中的社会年轻个体的比重较高。

永恒：没有起始也没有终结的时间。从概念上看，永恒与永生不同，永生是有起点但没有终点的时间。有时候人们会将永恒错认为是一个假想的没有时间维度的现实状态。

生物进化：通过由于错误、遗传变异和有性重组而出现的带有变化的后代，并且通过环境选择，产生生物体多样性的过程总和。事实上，这一带有错误的复制过程和具有限资源的环境选择在生命诞生之前就已经存在了，即生命体存在以前的进化中，那些自我复制的分子的竞争或循环。

终点：确定的时间间隔的最后时间点。大约在 35 亿年之内，当太阳温度的增加将地球上的所有水都蒸发殆尽之时，就是地球上的生命终结之期。大约在 60 亿年之内，当老化的星系不再产生新的行星之时，宇宙的生命就会灭亡。

真空量子涨落：基于海森堡不确定原理，粒子与反粒子对的出现与消失的总和，或是时空小规模的变形的动力的总和。也许真空量子涨落可以随机地产生多重宇宙，并且每个宇宙的特性都各有不同。

分形：几何结构或者复杂动力，它的形状或形式在所有可观测的各个规模的时空中都是相同或类似的。它理想化地近似描述海岸线、边境线、云层表面、山丘的起伏、水涡、循环和呼吸系统的血管结构等。

频率：同一个现象（通常指振荡或者波）在单位时间内的重复次数。

海马区：大脑内部（边缘系统）与长期记忆的巩固相关联的区域；这部分的损伤会阻止新的回忆储存，虽然整体上来说，不会对在损伤以前的回忆有决定性的影响。

开始：真实世界的现实或想象中的现实的第一个时间阶段。

片刻：极短的时间量，持续性几乎为零或实际为零。人类意识无法感知片刻，只能感知到持续性的时间。能让我们意识到的片刻，它的基本时间长度最短约为 12 毫秒。也许，物理学为我们设定了可能的最短的时间长度，即普朗克时间，为 $1E^{-34}$ 秒，几乎可以说是在现实中不存在的。

轻子：不受强相互作用影响的基本粒子（或者说没有色荷）。包括电子、μ 子、τ 子和它们的中微子（电中微子、μ 中微子以及 τ 中微子）。

记忆：在神经网络上或整个大脑中以及在某些电子设备上，对于以往信息的存储，用以丰富在未来情境中的反应能力。记忆有很多种：短期的或长期的、有意识的或无意识的、陈述性记忆或程序性记忆等。生命进化的记忆存储于化石中，人类活动的记忆则存储于文件、艺术作品、纪念碑和建筑中。

线粒体：真核细胞的内部细胞器，是碳化合物氧化并使用其能量将二磷酸腺苷加工为三磷腺苷的场所。拥有这种能量可以增加机体的行动能力，但是它的错误运行会导致自由基的产生，它们会攻击机体并造成机体的衰老。

物质：拥有质量的物理宇宙的组成要素。在我们周边的、组成我们的物质是质子、中子和电子，而它们只是许多其他物质可能性中稳定的一部分，同时它们又是由夸克和轻子组合而成的。但我们已知的物质只是宇宙构成的 4%，另外 26%（近似）的成分是暗物质，剩下的 70% 则是暗能量。到目前为止，暗物质和暗能量的组成要素还尚未得知，虽然我们已经知道暗能量也许与量子真空相关。

变异：生物的 DNA 随机的、意外的、不可预测的改变。假如这种改变发生在基因中，通常会被翻译成相应的蛋白质变化，造成相应的生理解剖改变。但假如变异产生于 DNA 不编码区域和不起控制作用的区域，那么 DNA 的变异则通常无关紧要。

死亡：生命停止。对于简单生物来说，死亡并不是生命的必然条件，因为它们除了遭受意外情况，可以无限分化而不死亡。对于复杂生物来说，整体的死亡并不意味着其部分的即刻死亡，这些部分可以在短时间内保持它们的运转。现代医学的一大难题就是临床死亡的判定标准，而临床死亡则意味着可以利用死者的器官为生者进行器官移植。

视交叉上核：位于下丘脑、视交叉（视神经交叉）之上的两个小的神经元组，从每个眼睛一直连接至处理视觉和调节昼夜节律的大脑内部。

核苷酸：形成 RNA 和 DNA（脱氧核糖核酸）链的组成片段；由磷酸盐、糖类（核糖或脱氧核糖）以及一个碱基构成，碱基可以是腺嘌呤（A）、鸟嘌呤（T）[在 RNA 中被尿嘧啶（U）所取代]、胸腺嘧啶（G）和胞嘧啶（C）。这些碱基构成遗传信息的"字母"。在 DNA 的双链中，A 始终通过氢键与 T 配对，G 始终通过氢键与 C 配对，这保证了基因信息的阅读和转译以及 DNA 的复制。

起源：事物发生的源头。起源的概念包含着起始和原因这两个概念。人们经常混淆起始与事物的起源，尽管关于起始的研究在于探索一个系统的起始条件（物理系统、受精卵和很多生物有机体的位置、大小、密度、温度和组成），而关于起源的研究则更侧重研究起始的原因，相对于起始更为精深而富有争议。

振荡器：以循环运动、重复运动为特征的物理系统，通常由与扰动或变形成比例的力来描述。另一种循环表现是由与干扰不成比例的力造成的，被称为极限环。

测不准原理：这一原理提出，同时绝对精确地了解一些成对的物理量是不可能的，尤其是位置和速度、能量和时间。其中一个物理量的不确定性有多小，另一个就有多大。这一原理也被称为不确定性原理，因为它提出牛顿理论中的决定论（需要精确地同时了解位置和速度）在微观层面是不准确的，但是当粒子质量很重时，决定论则能很好地适用于宏观层面。这个原理由海森堡于 1926 年提出，也是量子物理中的基本概念。

进步：一些物理、生物和社会系统逐渐提高某些方面的质量所呈现的特征，这些方面包括物理系统中的有效性、功率、小型化、耐用性和减重，生物系统中的变化性、繁殖能力、环境适应能力、处理和记忆信息的能力，或者社会系统中的健康、教育、文化、上层建筑、社会公平、自由和安全。进步并不是连贯的或线性的：它可能停滞、倒退、加速、汇聚、传播，但是在社会系统中，连贯而线性的进步一直是人类历史最大的愿景之一。

夸克：受强相互作用影响的基本微粒（或者说不仅有电荷还有色荷）。有微粒 u、d、s、c、t 和 b 这几种。夸克为保持总色荷为中性而相互组合，也就是说，每三个一组形成重子（比如质子和中子），或者每两个一组形成介子（比如不稳定的 π 介子和 K 介子）。夸克具有分数电荷，等于 1/3 或 2/3 的电子电荷。

自由基：在最外层带有不成对电子的原子、分子或离子（典型的例子就是多一个电子的氧分子）。这些自由基在化学作用方面非常活跃，可以攻击细胞的很多分子。在细胞中，自由基主要是因为线粒体的运行缺陷造成的，自由基会造成衰老。

神经网络：互相以突触相连的天然神经元的集合，或者是人工模型。神经网络的特点主要由各种突触的强度来确定，这些强度会随着学习的过程而改变。神经网络会保留一些关于突触强度总值的具体回忆，就如神经网络动力的吸引子，神经系统会根据接收到的刺激趋向于一个或几个相关的回忆。

时间的相对性：广义上来说，就是认为对时间的测量、感知和意识取决于接收者的物理、生物和心理条件，并且不是普世恒定的。在爱因斯坦的相对论中，光速的绝对性决定了时间的相对性，时间取决于观察者的速度（特殊相对论）以及观测者所处的引力场（广义相对论）。在相对论中，不同观测者测量的时间间隔值之间有着精确的关联，而在普通情况下，人们不知道各个时间间隔之间的普遍数量关系。

钟表：物理系统，一般进行重复性的工作，具有高度规律性的节奏，用来作为测量其他物理系统不同的时间间隔的比较标准。某些钟表并不是基于重复性的工作，而是基于衰变过程的具体时间规则。最准确的钟表要数极低温下的原子钟；能测量最长时间间隔的钟表则要数那些利用放射性衰变为工作原理的钟表。

生物钟：在细胞或细胞群中的生物过程，以一个具体的时间节奏作为同一个生物体其他生物过程运行的时间标准，并且适应外界环境的节奏。生物钟的节奏并不是持续不变的，而是会随着例如温度、食物和药品之类的物理和化学条件变快或变慢。

同时性：现象在同一时刻发生，虽然发生的可能并不在一处。根据爱因斯坦狭义相对论，同时性在客观上是不存在的，而是随着每个观测者的速度不同而改变。

突触：神经元之间或是神经元和肌肉细胞之间相连的地方。突触前神经元在收到神经信号之后，向突触间隙释放一定量的神经递质，作用于突触后神经元的神经受体。假如一个信号倾向于激活突触后神经元，那么突触就会被激活；假如一个信号阻挠突触后神经元兴奋，那么突触就会被抑制。

同步：两个明显相互没有关联的系列事件以相同的节奏发展，或者有着绝大多数的吻合。举一个简单的例子，我们可以同步两个钟表（使它们时间一致）。与之相比，更为令人疑惑的是一些明显独立的现象之间时间上的巧合（比如我们想起一个许久未见的老友，并且在几分钟之后就碰到了他），这些现象的特殊性和不可能性，让我们不禁想起时间的一些神秘的、带有组织性的和意义深远的特性。

端粒：线粒体两端没有编码并且具有高度重复性的区域，在每次细胞分化之后都会变短，以此来限制细胞复制次数的最大值。端粒酶可以阻止这一变短的过程，由此细胞就可以无限制地被复制。

时间：物理现实的维度，有时是可以预测的，几乎总是具有多面性，并且总是难以被定义。它与两个系统的相对变化量相关。

尽管我们总是习惯于将不同系统的变化量与某个像钟表或者一些客观时间的测量工具那样具有规律性变化的系统相比较，但是时间本质上就具有相对性。最具规律性的钟表时间同时取决于观测者速度和加速度，或者观测者所在的引力场。

时间单位：用来表达时间的、参照性的时间间隔。可以是心跳的时间间隔、一天的时长、两个满月之间的天数、一个太阳年等。时间的标准单位是秒，目前是根据某些原子的一个电子跃迁时产生的电磁辐射频率而定的。

速度：单位时间内在空间中的移动，或者更广义上来说，系统的变化节奏，就如化学反应的速度。假如时间间隔是有限的，我们说的速度就是平均速度；假如时间间隔是无限长的，那我们说的速度就是瞬时速度。在时间为零的情况下是否有速度的变化，从经典的芝诺悖论到一些分形运动的瞬时速度散度或瞬时速度消失，对于这一问题一直众说纷纭。

生命：专门用来描述生物的术语，生物特有的化学物理过程的集合，或广义上的生物的集合（目前存在的、已经灭亡的或未来会出现的），抑或具体生物的变化、经历和记忆。从它的第一个定义来看，生命是在空间的某个具体区域中（受到细胞膜或某一界限的限制）相互耦合的化学反应的集合（新陈代谢）；生命可以在环境变化的情况下保持一些稳定的特征，并且生命体可以复制出与自身并不完全相同的复制品，这保证了生命总体向更多元化进化。在其他行星或卫星上的生命也许与我们所了解的地球生命有很大的不同。

|参考书目|

Baert, P. J. N., ed, *Time in contemporary intellectual thought*, North Holland, Amsterdam, 2000.

Barnett, J. E., *El péndulo del tiempo. En pos del tiempo: de los relojes de sol a los atómicos*, Península, Barcelona, 2000.

Esquirol, J. M., *El respirar de los días. Una reflexión filosófica sobre el tiempo y la vida*, Paidós, Barcelona, 2009.

Fraser, J.T., *Génesis y evolución del tiempo, Pamiela*, Pamplona, 1992.

Fraser, J. T., *Tiempo, pasión y conocimiento*, Pamiela, Pamplona, 1993.

Friedman, W. J., *About time: inventing the fourth dimension*, MIT Press,Cambridge, Mass., 1990.

Mayerstein, F. W., L. Brisson y A. P. Moeller, Lifetime. *The quest for a definition of life*, Georg Olms Verlag, Hidesheim, 2006.

Prigogine, I., *Entre el tiempo y la eternidad*, Alianza, Madrid, 1990.

Riera i Moré, J., *La porta en el mirall*, Columna, Barcelona, 1996.

Sklar, L., *Filosofía de la física*, Alianza editorial, Madrid, 1994.

Yates, F., *L'art de la mémoire*, Le Seuil, París, 1985.

节奏、摸索与破坏: 生命中的时间

Artigas, M., *Las fronteras del evolucionismo*, Libros MC, Madrid, 1985.

Bayés, R., *El reloj emocional. La gestión del tiempo interior*, Alienta ed.,Barcelona, 2007.

Dawkins, R., *El relojero ciego*, Labor, Barcelona, 1988.

Fondevila A., y A. Moya, *Evolución. Origen, adaptación y divergencia delas especies*, Síntesis, Madrid, 1999.

Goldbeter, A., *La vie oscillatoire. Au coeur des rythmes du vivant*, OdileJacob, Paris, 2010.

Gould, S. J., *La flecha del tiempo*, Alianza, Madrid, 1992.

Gould, S. J., *El pulgar del panda*, Crítica, Barcelona, 1994.

Kirkwood, T., *El fin del envejecimiento*, Metatemas, Tusquets, 2000.

Leslie, J., *The end of the world. The science and ethics of human extinction*, Routledge, Londres, 1996.

Margulis, L., *Simbiotic planet. A new view of evolution*, Basic Books, NuevaYork, 1998.

Maynard Smith, J., E. Szathmáry, *Ocho hitos de la evolución. Del origen de lavida a la aparición del lenguaje*, Metatemas, Tusquets, Barcelona, 2001.

Solé, R. V., *Vidas artificiales*, Metatemas, Tusquets, Barcelona.

Terrades, J., *Biografía del mundo: del origen de la vida al colapso ecológico*, Destino, Barcelona, 2006.

Wagensberg J., y J. Agustí, eds., *El progreso. ¿Un concepto acabado o emergente?*, Metatemas, Tusquets, Barcelona, 1998.

规则、混乱与起源: 宇宙的时间

Coveney P., y R. Highfield, *La flecha del tiempo*, Plaza Janés, Barcelona, 1992.

Dyson, F., *El infinito en todas direcciones*, Metatemas, Tusquets, Barcelona, 1991.

Gribbin, J., *Solos en el Universo*, Pasado y Presente, Barcelona, 2012.

Hawking, S., *Breve historia del tiempo*, Crítica, Barcelona, 1988.

Hawking, S., y L. Mlodinow, *El gran diseño*, Crítica, Barcelona, 2010.

Jou, D., *Reescribiendo el Génesis. De la gloria de Dios al sabotaje del Universo*, Destino, Barcelona, 2010.

Jou, D., *Introducción al mundo cuántico. De la danza de las partículas a lassemillas de las galaxias*, Pasado y Presente, Barcelona, 2012.

Kraus, L. M., *Un universo de la nada*, Pasado y Presente, Barcelona, 2013.

Lapiedra, R., *Las carencias de la realidad. La consciencia, el Universo y lamecánica cuántica*, Metatemas, Tusquets, Barcelona, 2008.

Morris, R., *Las flechas del tiempo*, Salvat, Barcelona, 1986.

Penrose, R., *Los ciclos del tiempo*, Debate, Barcelona, 2011.

Peterson, I., *El reloj de Newton*. Caos en el sistema solar, Alianza, Madrid,1995.

Prigogine, I., *La nueva alianza*, Alianza, Madrid, 1984.

Reeves, H., *La première seconde* (2 vols.), Seuil, París, 1995.

Schatzman, E., *Los niños de Urania*, Biblioteca científica Salvat, Salvat, Barcelona, 1986.

Trigo, J. M., *Las raíces cósmicas de la vida*, Publicacions de la Universitat Autònoma de Barcelona, 2012.

Weinberg, S., *Los tres primeros minutos del Universo*, Alianza, Madrid, 1985.

遗传、回忆与伤痛：生命的记忆

Barraquer i Bordas, Ll., *El sistema nervioso como un todo*, Fundació Vidal i Barraquer, Barcelona, 1977.

Bertranpetit, J., y C. Junyent, *Viatge als orígens*, Ed. Bromera, Valencia, 1997.

Bishop, J. E., y M. Waldholz, *Genoma*, Plaza y Janés, Barcelona, 1992.

Delbruck, M., *Mente y materia*, Alianza editorial, Madrid, 1988.

Jou, D., *Cerebro y Universo. Dos cosmologías*, Servei de Publicacions de laUniversitat Autònoma de Barcelona, 2011.

Mora (ed), F., *El problema cerebro-mente*, Alianza, Madrid, 1996.

Pinker, S., *Cómo funciona la mente*, Destino, Barcelona, 2000.

Tobeña, A., *Neurotafaneries*, Bromera, Valencia, 1999.

Tobeña, A., *Intimitats del cervell humà*, La Campana, Barcelona, 1994.

常数、守恒与对称: 宇宙的记忆

Barrow, J., *The world within the world*, Oxford University Press, Oxford, 1988.

Barrow, J., *From alpha to omega: the constants of physics*, Oxford University Press, Oxford, 2003.

Brisson, L., y F. W. Mayerstein, *Inventer l'Univers. Le problème de la connaissance et les modèles cosmologiques*, Les Belles Lettres, París, 1991.

Feynmann, R., *El carácter de las leyes físicas*, Antoni Bosch ed., Barcelona, 1981.

Gardner, M., *Izquierda y derecha en el cosmos*, Salvat, Divulgación, Barcelona, 1985.

Glashow, L. S., *El encanto de la física*, Metatemas, Tusquets, Barcelona, 1991.

Pais, A., *Inward bound. On matter and forces in the physical world*, Clarendon Press, Oxford, 1986.

Rees, M., *Seis números nada más. Las fuerzas profundas que ordenan el Universo*, Debate, Madrid, 2001.

Spiridónov, O., *Constantes físicas universales*, Editorial MIR, Moscú, 1986.

Wheeler, J. A., *Un viaje por la gravedad y el espacio-tiempo*, Alianza editorial, Madrid, 1994.